1.4.3
实战——应用网格和透明网格

2.3.1
实战——应用选择工具

2.3.3
实战——应用编组选择工具

2.3.4
实战——应用魔棒工具

2.3.6
实战——应用"图层"面板

3.1.11
实战——使用光晕工具绘制光晕图形

3.2.1
实战——使用图形进行编组

3.2.2
实战——使用隔离模式

3.3.2
实战——用"图层"面板调整堆叠顺序

3.4.1
实战——剪切与粘贴图形对象

3.4.3
实战——删除图形对象

3.4.2
实战——复制与粘贴图形对象

4.1.5
实战——互换填色和描边

4.1.6
实战——使用默认的填色和描边

4.2.3
实战——通过"颜色参考"面板设置颜色

4.3.2
实战——通过渐变工具填充颜色

4.3.3
实战——渐变颜色的编辑

4.3.4
实战——径向渐变的调整

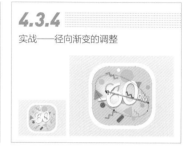

4.4.1
实战——使用网格工具创建渐变网格

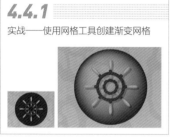

4.4.2
实战——使用命令创建渐变网格

5.1.1
实战——使用铅笔工具绘制路径图形

5.1.2
实战——使用平滑工具修饰绘制的路径

5.1.3
实战——使用路径橡皮擦工具修饰图形

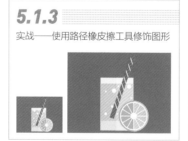

5.2.4
实战——通过钢笔工具绘制闭合路径

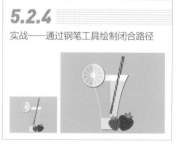

5.4.1
实战——偏移对象路径

5.4.3
实战——简化对象路径

5.4.5
实战——使用剪刀工具裁剪路径

5.4.6

实战——使用刻刀工具裁剪对象路径

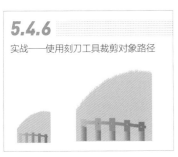

6.1.1

实战——应用画笔绘制图形

6.1.2

实战——创建新的画笔

6.1.3

实战——编辑画笔工具

6.2.1

实战——使用"Wacom 6D 画笔"

6.1.4

实战——添加画笔描边

6.2.2

实战——使用"矢量包"画笔

6.2.3

实战——使用"箭头"画笔

6.2.4

实战——使用"艺术效果"画笔

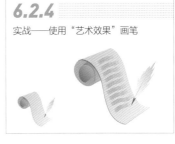

6.2.5

实战——使用"装饰"画笔

6.2.6

实战——使用"边框"画笔

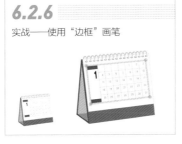

6.4.3

实战——运用符号工具

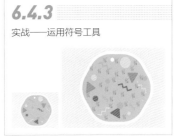

7.1.2

实战——使用自由变换工具

7.1.4

实战——再次变换图形对象

7.2.1

实战——使用整形工具扭曲对象

7.2.2

实战——使用变形工具扭曲对象

7.2.3

实战——使用旋转工具扭曲对象

7.2.4

实战——使用缩拢工具扭曲对象

7.2.5

实战——使用膨胀工具扭曲对象

7.2.6

实战——使用扇贝工具扭曲对象

7.2.7

实战——使用晶格工具扭曲对象

7.2.8

实战——使用皱褶工具扭曲对象

7.2.9

实战——使用宽度工具扭曲对象

7.3.1

实战——使用变形建立封套扭曲

7.3.2
实战——使用网格建立封套扭曲

8.1.2
实战——创建直排文字对象

8.1.3
实战——创建区域文字对象

8.1.4
实战——创建直排区域文字对象

8.1.6
实战——创建直排路径文字对象

8.1.5
实战——创建路径文字对象

8.2.1
实战——修改字符的格式

8.2.2
实战——设置段落的格式

8.3.3
实战——编辑与释放文本混排

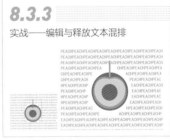

8.3.4
实战——设置文本分栏

9.2.3
实战——粘贴对象到原图层

9.3.1
实战——使用"变暗"与"变亮"的混合模式

9.3.2

实战——使用"正片叠底"与"叠加"的混合模式

9.3.4

实战——使用"明度"与"混色"的混合模式

9.3.3

实战——使用"柔光"与"强光"的混合模式

9.4.1

实战——创建与编辑图层蒙版

9.4.2

实战——使用文字创建图层蒙版

9.4.3

实战——创建不透明蒙版

9.4.4

实战——创建反相蒙版

9.4.6

实战——取消不透明度蒙版链接

9.4.7

实战——剪切不透明度蒙版

10.1.1

实战——制作图形"3D"效果

10.1.3

实战——制作图形"扭曲与变换"效果

10.1.4

实战——制作图形"路径"效果

10.1.7
实战——制作图形"扭曲"效果

10.1.8
实战——制作图形"模糊"效果

10.1.9
实战——制作图形"画笔描边"效果

10.1.12
实战——制作图形"艺术效果"效果

10.2.1
实战——制作图形"栅格化"效果

10.2.3
实战——制作图形"转换为形状"效果

10.2.4
实战——制作图形"视频"效果

10.2.5
实战——为图形应用"效果画廊"效果

11.1.1
实战——添加与编辑外观属性

11.1.2
实战——复制外观属性

11.1.3
实战——隐藏与删除外观属性

11.1.5
实战——修改图形的外观属性

11.2.3
实战——合并选择的图形样式

11.2.4
实战——添加文字图形样式

11.2.5
实战——重新定义图形样式

11.2.6
实战——使用图形样式库

13.1.2
实战——录制动作

14.2.2
实战——通过切片选择工具选择切片

14.2.3
实战——通过切片选择工具调整切片

15.2.4
实战——添加大门装饰

16.1.3
实战——制作名片立体效果

16.2.4
实战——制作VIP卡反面效果

17.1.3
实战——制作文字内容

17.2.4
实战——制作广告文字效果

18.1.1
实战——制作包装的平面效果

18.1.3
实战——制作包装的立体效果

18.2.4
实战——制作书籍封面的立体效果

Illustrator CC 2017
实战基础培训教程

全视频微课版

华天印象　编著

人 民 邮 电 出 版 社

北 京

图书在版编目（CIP）数据

Illustrator CC 2017实战基础培训教程：全视频微课版 / 华天印象编著. -- 北京：人民邮电出版社，2019.2
ISBN 978-7-115-49428-3

Ⅰ．①I… Ⅱ．①华… Ⅲ．①图形软件－教材 Ⅳ．①TP391.412

中国版本图书馆CIP数据核字(2018)第223313号

内 容 提 要

本书以 Illustrator CC 2017 为基础，从"案例＋技巧"这两条线帮助读者学懂 Illustrator CC 2017，快速成为平面设计高手。

一条是横向案例线，总计包含 208 个经典案例、82 个专家指点及 320 分钟的操作讲解视频，对 Illustrator CC 2017 的绘图、填色、描边、上色、路径、画笔、图案、符号、图表、动作等功能与技巧，以及企业 VI 设计、卡片设计、海报广告设计、商品包装设计等进行重点解析，读者学后可以融会贯通、举一反三，制作出更加精彩、完美的效果。

另一条是纵向技巧线，从多个行业实战中提炼出了 18 章专题内容，介绍了 Illustrator CC 2017 基础操作，创建与编辑图形对象，填充与描边图形上色，绘制与编辑锚点路径，应用画笔、图案与符号，变形与扭曲图形对象，创建与编辑文本对象，应用图层与蒙版功能，应用精彩多变的效果，使用外观与图形样式，创建丰富的图表样式，创建、录制与编辑动作，优化、输出与打印图形等内容，帮助读者彻底读懂、学透 Illustrator。

随书附赠全部案例的素材文件、效果文件和操作演示视频。本书适合 Illustrator 的初级、中级读者阅读，包括图形处理人员、平面广告设计爱好者、电脑插画与绘画设计人员等，同时也可作为各类计算机培训中心、中职中专、高职高专等院校相关专业的辅导教材。

◆ 编　著　华天印象
　　责任编辑　张丹阳
　　责任印制　陈　犇

◆ 人民邮电出版社出版发行　　北京市丰台区成寿寺路 11 号
　　邮编　100164　　电子邮件　315@ptpress.com.cn
　　网址　http://www.ptpress.com.cn
　　三河市君旺印务有限公司印刷

◆ 开本：700×1000　1/16
　　印张：16.75　　　　　　　　　　　彩插：4
　　字数：538 千字　　　　　　　　　2019 年 2 月第 1 版
　　印数：1－3 000 册　　　　　　　　2019 年 2 月河北第 1 次印刷

定价：39.00 元
读者服务热线：(010)81055410　印装质量热线：(010)81055316
反盗版热线：(010)81055315
广告经营许可证：京东工商广登字 20170147 号

前 言

■ 写作动机

    Illustrator CC 2017 是由 Adobe 公司推出的一款功能强大的矢量图形绘制软件，它集图形制作、文字编辑和高品质输出等特点于一体，现已广泛应用于企业 VI 设计、卡片设计、版式设计、插画设计、广告设计和包装设计等领域，是目前世界上专业的矢量绘图软件之一，深受广大平面设计者的青睐。

■ 本书特色

- **4 个综合实例设计**：本书最后布局了 4 大设计门类的综合大型实例，包括了企业 VI 设计、卡片设计、海报广告设计和商品包装设计。

- **5 篇内容安排**：本书结构清晰，共分为基础入门篇、进阶提高篇、核心攻略篇、后期优化篇及综合实战篇，读者可以从零开始，掌握软件的核心与高级技术，通过大量实战演练，提高水平，学有所成。

- **82 个专家指点放送**：作者在编写时，将软件中各方面的实战技巧、设计经验，毫无保留地奉献给读者，不仅大大提高了本书的含金量，更方便读者提升实战技巧与经验，提高学习与工作效率。

- **208 个技能实例演练**：本书是一本全操作性的实用实战书，书中的步骤讲解详细，对 208 个实例进行了步骤分解，与同类书相比，读者可以省去学习理论的时间，能掌握大量的实用技能。

- **320 分钟视频播放**：本书的所有技能实例及最后 4 个综合案例，全部录制带语音讲解的视频，时间近 320 分钟，全程同步重现书中所有技能实例操作。读者可以结合书本学习，也可以独立观看视频学习。

■ 内容安排

- **基础入门篇**：讲解了 Illustrator CC 2017 的新增功能、安装与启动 Illustrator CC 2017 的方法、认识 Illustrator CC 2017 工作界面、辅助工具的应用，以及 Illustrator CC 2017 的基本操作，包括图形文件的基本操作、导出与存储图形文件、选择图形文件等内容。

- **进阶提高篇**：讲解了绘制几何图形、编组与管理图形、排列与对齐图形、复制与粘贴图形、运用填色和描边上色、设置对象颜色、使用渐变填充和渐变网格填充上色、通过自由绘图工具绘制图形、运用钢笔工具精确绘制路径、编辑与调整锚点、应用画笔工具、运用符号工具等内容。

- **核心攻略篇**：讲解了变换图形对象、扭曲对象、封套扭曲对象、混合对象、创建文本、编辑文本格式、图文混排面板、应用图层、编辑图层、使用图层混合模式、使用图层蒙版、常用的图形对象效果、应用其他图形对象效果等内容。

- **后期优化篇**：讲解了创建图表对象、创建各种图表样式、编辑图表样式、使用"动作"面板、录制与编辑动作、优化图像文件、使用切片工具、打印成品文件（包括修改打印输出时的渲染方法、设置打印的作品分辨率、查看打印的作品信息）等内容。

- **综合实战篇**：讲解了大型实例的制作，如标志设计、大门设计、名片设计、VIP 卡设计、地产广告设计、车类广告设计、手提袋包装设计、书籍装帧设计等。

■ 学习重点

■ 学习重点

编写本书时，作者特别考虑了初学者的感受，因此对内容有所区分。

- **进阶**：带有**进阶**的章节为进阶内容，有一定的难度，适合学有余力的读者深入钻研。
- **重点**：带有**重点**的章节为重点内容，是 Illustrator 实际应用中使用较为频繁的命令，需重点掌握。

其余章节则为基本内容，只要熟练掌握即可满足绝大多数的工作需要。

■ 附赠资源

为方便读者学习，随书附赠全部案例的素材文件和效果文件，以及操作演示教学视频，可以满足不同需求的读者。扫描右侧或封底"资源下载"二维码可以获得资源的下载方法，扫描章首二维码可以在线观看视频，如需技术支持，请发邮件至 szys@ptpress.com.cn。

资源下载

■ 作者售后

本书由华天印象编著，参与编写的人员还有杨婷婷等人，在此表示感谢。由于作者知识水平有限，书中难免有错误和疏漏之处，恳请广大读者批评、指正，联系微信：157075539。

编者

2018 年 12 月

目　录

Illustrator CC 2017强势来袭

第01章

Illustrator是Adobe公司开发的功能强大的工业标准矢量绘图软件，广泛应用于平面广告设计和网页图形设计领域，功能非常强大，无论对新手还是对插画家来说，它都能提供所需的工具，从而获得专业的质量效果。

Illustrator已被广泛应用于平面广告设计、插画设计、包装设计、艺术图形创造等诸多领域，随着进一步的发展与推广，Adobe Illustrator CC 2017将会再一次掀起图形设计的大风暴。

扫 码 观 看 本 章
实战操作视频

课堂学习目标

- 了解Illustrator CC 2017新增功能
- 认识Illustrator CC 2017的工作界面
- 安装与启动Illustrator CC 2017软件
- 掌握辅助工具的应用方法

1.1 了解Illustrator CC 2017新增功能

Illustrator CC 2017新增了很多令人惊喜的功能，在优化功能与体验的同时，也提升了大量与字体相关的功能，本节将对Illustrator CC 2017的一些新增功能进行简单介绍。

1.1.1 快速启动创意项目

在Illustrator CC 2017中，新添了快速启动创意项目的功能，用户可以通过模板和预设创建新文档，不需要再以空白面板创建文档，用户在新建文档下方输入想要搜索的模板类型，如图1-1所示，单击前往即可搜索，然后创建文档。

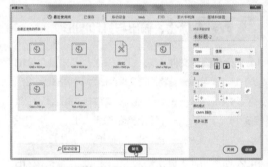

图1-1 输入想要搜索的模板类型

模板为用户提供了丰富多彩的内容，而且用户可以直接在Illustrator CC 2017中通过Adobe Stock到网上下载模板并使用，这些模板中包含了高质量的图片与插图，如图1-2所示，用户可以在下载的模板的基础上高效地完成项目。

图1-2 Adobe Stock 模板

　　文档预设是采用预定的尺寸和设置的空白文档，使用预设可以更容易地针对特定的设备尺寸进行设计，如图 1-3所示，通过预设可以快速针对iPad Mini进行设计。空白文档预设包括预定义大小、颜色、模式、单位、方向、位置、出血和分辨率等。在使用预设创建文档之前，用户可以修改这些设置。

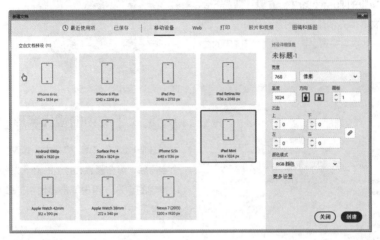

图 1-3　采用 iPad Mini 文档预设

　　模板和预设分为以下几个部分。

◆ 移动设备；
◆ Web；
◆ 打印；
◆ 胶片和视频；
◆ 图稿和插图。

1.1.2　全新的用户体验

　　在全新的Illustrator CC 2017中，用户界面更加简约和直观悦目，在工具面板中有新的图标，用户可以自定义界面，也可以根据自己的喜好选择喜欢的界面颜色，主要界面颜色有以下4种：深色、中等深色、中等浅色、浅色，如图1-4所示。

图 1-4　用户界面颜色选项

1.1.3 使用占位符文本填充文字对象 进阶

使用占位符文本填充文字对象，可以帮助用户更好地完成设计。在新版的Illustrator中，在默认情况下会自动使用占位符文本填充创建的新对象，如图1-5、图1-6所示。占位符文本会保留之前文字对象所应用的文字与大小。

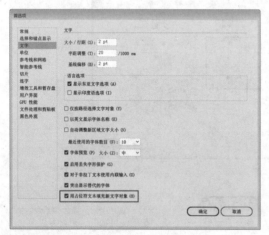

图1-5 默认使用占位符

是非成败转头空，青山依旧在，惯看秋月春风。一壶浊酒喜相逢，古今多少事，滚滚长江东逝水，浪花淘尽英雄。几度夕阳红。白发渔樵江渚上，都付笑谈中。滚滚长江东逝水，浪花淘尽英雄。是非成败转头空，青山依旧在，几度夕阳红。白发渔樵江渚上，惯看秋月春风。一壶浊酒喜相逢，古今多少事，都付笑谈中。是非成败转头空，青山依旧在，惯看秋月春风。一壶浊酒喜相逢，古今多少事，滚滚长江东逝水，浪花淘尽英雄。几度夕阳红。白发渔樵江渚上，都付笑谈中。滚滚长江东逝水，浪花淘尽英雄。是非成败转头空，青山依旧在，几度夕阳红。白发渔樵江渚上，惯看秋月春风。一壶浊酒喜相逢，古今多少事，都付笑谈中。

图1-6 默认占位符填充的文字对象

1.1.4 将文本导入路径/形状

在Illustrator CC 2017 中，引入将支持文件中的文本直接放置在对象（如形状）中的功能。用户可以放置.txt 或.rtf 格式的文件，或来自文字处理应用程序文件中的文本。

例如，用户可以使用矩形工具或钢笔工具等任何绘图工具创建路径/形状；然后选择要置入的文本文件，实现将.txt文件中的文本放置到一个多边形形状中，如图1-7所示。文本将放置在形状的内部，用户可以对其应用所需的样式和效果。

图1-7 将文本导入多边形

1.1.5 上下文中的替代字形

在Illustrator CC 2017中，修改文字对象，选择某个字符后，可在紧靠其旁边的上下文构件中快速查看可以替代的字形，用户单击替代字形即可用其替换该字符，如图1-8所示。

图1-8 上下文替代字形

1.1.6 创建像素级优化的图稿

在Illustrator CC 2017中，创建像素级优化的图稿时，比以往要更轻松、更直观。绘制像素级优化的图稿，在使用不同的笔触宽度及对齐选项时，图稿会在屏幕上显示得很明显，这时只需要单击一次即可选择将现有对象与网格对齐。

在绘制新图形对象时也可以对齐对象，当变换对象时，用户可以保留像素对齐，这样就不会扭曲图稿，像素对齐适用于对象及包含的路径段与锚点。

1.1.7 缩放所选对象的范围

现在，用户在创作图形对象时使用缩放工具或键盘上快捷键进行放大与缩小，在Illustrator CC 2017中，会将选定图稿置于视图的中心。如果选定图稿具有锚点或线段，Illustrator CC 2017还会在用户进行放大或缩小操作时将这些锚点置于视图的中心。

1.1.8 其他增强功能

在Illustrator CC 2017中，除了上述的新增功能外，还有以下的增强功能。

◆ 在Illustrator CC 2017中用户可以从文字菜单中或上下文菜单中选择各种特殊字符等。

◆ 隐藏字符的键盘快捷键，包括：半角空格、全角空格、窄间隔、上标、下标、自由连字符和不间断空格等。用户还可以在键盘快捷键列表中自定义这些快捷键。

◆ 轻松处理所含文本属于常见字体系列，但具有不同样式的文字对象，反之亦然。请考虑所含文本属于Arial字体系列的两种文字对象，其中一种具有常规样式，另一种具有粗体样式。在选择这些文字对象时，Illustrator CC 2017会将"字体样式"字段保留为空，但将"字体系列"显示为Arial。

◆ 在应用字符或段落样式时，即使样式具有优先选项，现在也只需单击一次鼠标即可应用。

◆ 用户可以直接从Illustrator CC 2017中快速搜索Adobe Stock中的图片资源。

1.2 Illustrator CC 2017的安装与启动

安装Illustrator CC 2017前，用户应先关闭正在运行的所有应用程序，包括其他Adobe应用程序、Microsoft Office、浏览器窗口及网络等。

1.2.1 实战——安装Illustrator CC 2017　　重点

Illustrator CC 2017是一款大型的矢量图形制作软件，同时也是一个大型的工具软件包，建议不经常使用软件的用户认真阅读实战中的安装介绍，以便在日后的使用中了解软件的安装步骤。

素材位置	无
效果位置	无
视频位置	视频 > 第 1 章 >1.2.1　实战——安装 Illustrator CC 2017.mp4

01 进入Adobe Illustrator CC 2017 安装文件夹，双击Set-up，就可以安装程序了，如图1-9所示（需要注意的是，安装前应将网络断开）。

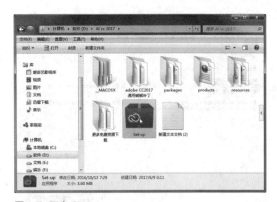

图1-9 双击 Set-up

02 执行操作后，弹出安装进度对话框，如图1-10所示。

图1-10 弹出安装进度对话框

专家指点

在 Windows 系统中，Illustrator CC 2017 的部分安装要求如下。

● 处理器：Intel Pentium 4 或 AMD Athlon 64 处理器。

● 系统：Microsoft Windows 7（含 Service Pack 1）、Windows 8 或 Windows 8.1。

● 内存：32 位系统需要 1GB 的内存（建议使用 3GB）；64 位系统需要 2GB 的内存（建议使用 8GB）。

● 硬盘空间：需要 2GB 的可用硬盘空间，而且在安装期间还需要额外的可用空间。

03 安装完成后，进入"需要登录"界面，单击"以后登录"按钮，如图1-11所示。

图1-11 单击"以后登录"按钮

04 单击"以后登录"按钮后进入"Illustrator CC 2017试用版"界面，单击"开始试用"按钮，如图1-12所示。

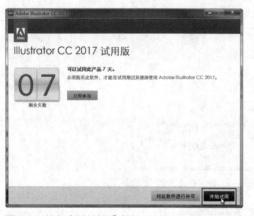

图1-12 单击"开始试用"按钮

05 执行操作后，进入"Adobe软件许可协议"界面，在其中请用户仔细阅读许可协议条款的内容，然后单击"接受"按钮，如图1-13所示。

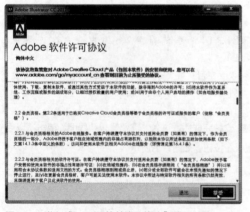

图1-13 进入"Adobe软件许可协议"界面

06 单击"接受"按钮后，即可进入Illustrator CC 2017启动界面，如图1-14所示。

图1-14 Illustrator CC 2017 启动界面

07 稍后将进入Illustrator CC 2017工作界面，如图1-15所示。

图1-15 Illustrator CC 2017 工作界面

专家指点

在 Illustrator CC 2017 安装好后，默认工作界面是深色的，本书作者在编辑时，将工作界面改为了浅色，使印刷效果好一些，方便读者学习。

1.2.2 实战——启动Illustrator CC 2017 重点

在使用Illustrator CC 2017绘图之前，首先需要启动软件程序，以便进行下一步的操作。下面介绍启动Illustrator CC 2017软件的操作方法。

素材位置	无
效果位置	无
视频位置	视频 > 第1章 >1.2.2 实战——启动 Illustrator CC 2017.mp4

01 移动鼠标指针至桌面上Illustrator CC 2017的快捷图标上，双击鼠标左键，如图1-16所示。

图 1-16　双击桌面图标

02 执行操作后，将弹出 Illustrator CC 2017 启动界面，显示程序启动信息，如图 1-17 所示。

图 1-17　进入启动界面

专家指点

用户还可以使用其他两种方法打开 Illustrator CC 2017 应用程序，方法如下。
● 从 "开始" 菜单界面中的 Illustrator CC 2017 应用程序启动应用；
● 通过 "Ai" 格式的 Illustrator CC 2017 源文件来启动应用程序界面。

1.2.3 实战——退出 Illustrator CC 2017

在 Illustrator CC 2017 中完成绘图后，若用户不需要再使用该程序，可以采用以下多种方法退出程序。

素材位置	无
效果位置	无
视频位置	视频 > 第 1 章 >1.2.3 实战——退出 Illustrator CC 2017.mp4

01 进入 Illustrator CC 2017 的工作界面后，单击 "文件" | "退出" 命令，如图 1-18 所示。

图 1-18　单击 "退出" 命令

02 若在工作界面中进行了部分操作，在退出该软件时，将弹出信息提示框，如图 1-19 所示，单击 "是" 按钮，将保存文件；单击 "否" 按钮，将不保存文件；单击 "取消" 按钮，将不退出 Illustrator CC 2017 程序。

图 1-19　信息提示框

1.3 认识 Illustrator CC 2017 工作界面

Illustrator CC 2017 的工作界面典雅且实用，工具的选取、面板的访问、工作区的切换等都十分方便。不仅如此，用户还可以自定义工具面板，调整工作界面的亮度，以便凸显图稿。诸多设计的改进，为用户提供了更加流畅和高效的编辑体验。

1.3.1 人性化的工作界面

运行 Illustrator CC 2017 后，单击 "文件" | "打开" 命令，打开一个文件，如图 1-20 所示。可以看到，Illustrator CC 2017 的工作界面由标题栏、菜单栏、控制面板、状态栏、文档窗口、面板和工具面板等组件组成。

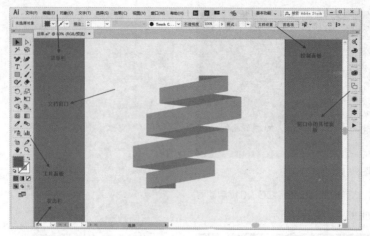

图 1-20 Illustrator CC 2017 的工作界面

- ◆ 菜单栏：包含可以执行的各种命令，单击菜单名称即可打开相应的菜单。
- ◆ 控制面板：显示了与当前所选工具有关的选项。
- ◆ 工具面板：包含用于创建和编辑图像、图稿和页面元素的各种操作工具。
- ◆ 状态栏：显示打开文档的大小、尺寸、当前工具和窗口缩放比例等信息。
- ◆ 文档窗口：用于编辑和显示图稿的区域。
- ◆ 窗口中的其他面板：用户可以把常用的面板折叠成图标状放在右侧，如图层、画笔工具、颜色、外观等面板，以方便使用。

1.3.2 实战——选择预设工作区

Illustrator CC 2017为用户提供了适合不同任务的预设工作区，用户可以更好地利用和编排它。在"窗口"|"工作区"菜单命令中，包含了Illustrator CC 2017提供的预设工作区，它们是专门为简化某些任务而设计的。

素材位置	素材 > 第 1 章 > 1.3.2.ai
效果位置	无
视频位置	视频 > 第 1 章 > 1.3.2 实战——选择预设工作区.mp4

01 单击"文件"|"打开"命令，打开一幅素材图像，如图1-21所示。

专家指点

启动 Illustrator CC 2017 后，默认状态下，工具面板是嵌入在屏幕左侧的，用户可以根据需要拖曳到任意位置。工具面板提供了大量具有强大功能的工具，绘制路径、编辑路径、制作图表、添加符号等都可以通过工具面板来实现，熟练地运用这些工具，可以创作出许多精致的艺术作品。

在 Illustrator CC 2017 中，并不是所有工具的按钮都直接显示在工具面板中，如直线工具、弧线工具、螺旋线工具、矩形网格工具和极坐标网格工具就存在于同一个工具组中。工具组中只会有一个工具图标按钮显示在工具面板中，若当前工具面板中出现矩形网格工具，那么其他 4 个工具将隐藏在工具组中。

图 1-21 打开素材图像

02 单击"窗口"|"工作区"|"自动"命令，如图1-22所示。

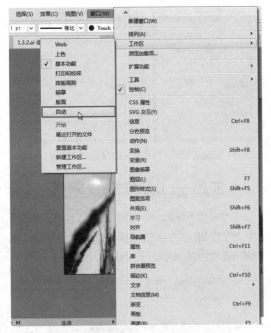

图 1-22 单击"自动"命令

图 1-24 打开素材图像

02 单击"窗口"|"工作区"|"新建工作区"命令，如图1-25所示。

03 执行操作后，即可使用"自动"工作区模式，如图1-23所示。

图 1-23 "自动"工作区模式

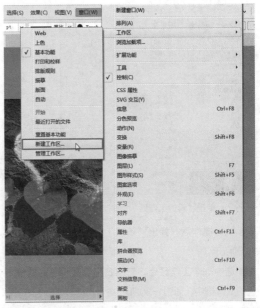

图 1-25 单击"新建工作区"命令

1.3.3 实战——设置自定义工作区 重点

用户创建自定义工作区时可以将经常使用的面板组合在一起，简化工作界面，从而提高工作的效率。

素材位置	素材 > 第 1 章 >1.3.3.ai
效果位置	无
视频位置	视频 > 第 1 章 >1.3.3 实战——设置自定义工作区 .mp4

01 单击"文件"|"打开"命令，打开一幅素材图像，如图1-24所示。

03 弹出"新建工作区"对话框，在"名称"右侧的文本框中设置工作区的名称为01，如图1-26所示。

图 1-26 设置工作区名称

04 单击"确定"按钮，即可完成自定义工作区的创建，如图1-27所示。

图1-27 创建自定义工作区

05 单击"窗口"|"工作区"|"管理工作区"命令，如图1-28所示。

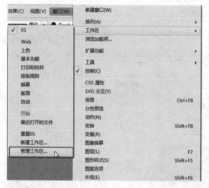

图1-28 单击"管理工作区"命令

06 执行操作后，弹出"管理工作区"对话框，如图1-29所示。

07 选中一个工作区后，它的名称会显示在对话框下面的文本框中，如图1-30所示。

图1-29 "管理工作区"对话框

图1-30 选中一个工作区

08 单击"新建工作区"按钮，可以新建一个工作区，如图1-31所示。

09 选择"01"工作区，单击"删除工作区"按钮，即可删除所选择的工作区，如图1-32所示。

图1-31 新建工作区　　图1-32 删除所选择的工作区

1.3.4 实战——认识菜单栏的操作 **重点**

菜单栏位于Illustrator CC 2017工作界面中的顶部，为了方便用户使用，Illustrator CC 2017将各命令按照其所管理的操作类型进行排列划分，如图1-33所示。

AI 文件(F) 编辑(E) 对象(O) 文字(T) 选择(S) 效果(C) 视图(V) 窗口(W) 帮助(H)

图1-33 菜单栏

菜单栏中的各项命令及其功能如下。

◆ 文件：基本的文件操作命令，包括文件的新建、打开、保存、关闭等。

◆ 编辑：包括对象的复制、剪贴等基本的对象编辑命令。

◆ 对象：针对对象进行的操作命令，包括变换、路径、混合等。

◆ 文字：有关文本的操作命令，包括字体、字号、段落等。

◆ 选择：有效确定选取范围。

◆ 效果：可以将对象进行扭曲，以及添加阴影、光照等效果。

◆ 视图：一些辅助绘图的命令，包括显示模式、标尺、参考线等。

◆ 窗口：控制工具面板和所有浮动面板的显示和隐藏。

◆ 帮助：有关Illustrator CC 2017的帮助和版本信息。

用户在使用菜单命令时，注意以下几点。

◆ 菜单命令呈灰色时，表示该命令在当前状态下不可使用。

◆ 菜单命令后标有黑色小三角按钮符号，表示该菜单命令中还有下级子菜单。

◆ 菜单命令后标有快捷键，表示按该快捷键，即可执行该项命令。

◆ 菜单命令后标有省略符号，表示选择该菜单命令，将会打开一个对话框。

素材位置	无
效果位置	无
视频位置	视频 > 第 1 章 >1.3.4 实战——认识菜单栏的操作 .mp4

01 在Illustrator CC 2017中，单击一个菜单命令即可打开相应的菜单，如单击"编辑"命令，如图1-34所示。

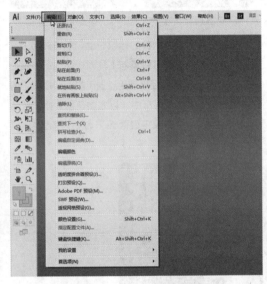

图1-34 打开菜单

02 菜单中带有黑色小三角按钮符号的命令表示该菜单命令包含下一级的子菜单，如"编辑颜色"子菜单，如图1-35所示。

图1-35 打开子菜单

03 在菜单栏中，名称右侧带"…"符号的命令，表示执行该命令时会弹出一个对话框，如单击"文件"|"新建"命令，即可弹出"新建文档"对话框，如图1-36、图1-37所示。

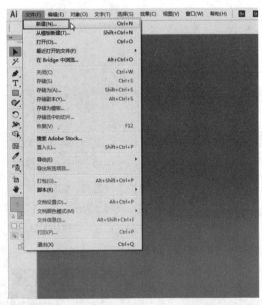

图1-36 单击"新建"命令

图1-37 "新建文档"对话框

1.3.5 认识工具面板的操作

Illustrator CC 2017的工具面板中包括了用于创建和编辑图像的上百个工具，使用这些工具可以进行选择、绘制、编辑、观察、测量、注释、取样等操作，如图1-38所示。单击工具面板顶部的双箭头按钮，可将其切换为单排或双排显示，如图1-39所示。

图1-38 双排的工具面板　　图1-39 切换为单排显示

单击一个工具，即可选择该工具，如图1-40所示。如果工具右下角有三角形图标，表示这是一个工具组，在这样的工具上单击右键可以显示隐藏的工具，如图1-41所示。

图1-40 选择相应工具　　图1-41 显示隐藏的工具

专家指点

如果用户想要查看某个工具的名称和快捷键，可以将鼠标指针移到想要查看的工具上，系统自动显示该工具的名称和快捷键。

将鼠标指针移动到一个工具上，然后单击鼠标左键，即可选择隐藏的工具，如图1-42所示。按住【Alt】键单击一个工具组，可以循环切换各个隐藏的工具，如图1-43所示。

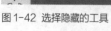

图1-42 选择隐藏的工具　　图1-43 循环切换各个隐藏的工具

展开工具组，将鼠标指针移至工具组最右侧的按钮上，单击鼠标左键，即可将该工具组与工具面板分开，显示隐藏的工具，如图1-44、图1-45所示。

 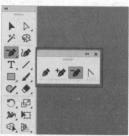

图1-44 单击工具组右侧按钮　图1-45 弹出独立的工具面板

将鼠标指针放在面板的标题栏上，单击并向工具面板边界处拖曳，即可将其与工具面板停放在一起，如图1-46所示。如果经常使用某些工具，可以将它们整合到一个新的工具面板中，以方便使用。单击"窗口"|"工具"|"新建工具面板"命令，如图1-47所示。

图1-46 组合工具面板

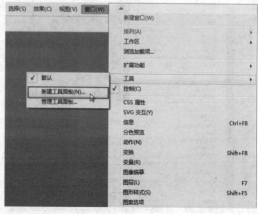

图1-47 单击"新建工具面板"命令

弹出"新建工具面板"对话框，单击"确定"按钮，如图1-48所示。执行操作后，创建一个新的工具面板，将所需工具拖入该面板的加号处，即可将其添加到面板中，如图1-49、图1-50所示。

图1-48 "新建工具面板"对话框　　图1-49 新建工具面板

图1-50 添加工具

1.3.6 实战——认识面板的操作　重点

Illustrator CC 2017提供了30多个面板，它们的功能各不相同，有的用于配合编辑图稿，有的用于设置工具参数和选项。默认情况下，面板位于工作界面的右侧，用户可以通过按住鼠标左键并拖曳的方式使其浮动在工作界面中，通过单击"窗口"菜单中相应的面板命令，也可以显示或隐藏面板。

显示和隐藏面板的其他操作方法如下。

◆ 按【Tab】键，可隐藏或显示面板、工具面板和控制面板；按【Shift+Tab】键，可隐藏或显示工具面板和控制面板以外的其他面板。

◆ 若要将隐藏的工具面板或面板暂时显示，只需将鼠标指针移至应用程序窗口边缘，然后将鼠标指针悬停在出现的条带上，工具面板或面板组将自动弹出。

素材位置	无
效果位置	无
视频位置	视频 > 第 1 章 >1.3.6 实战——认识面板的操作.mp4

01 默认情况下，面板位于工作界面的右侧，如图1-51所示。

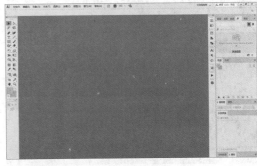

图1-51 面板位于工作界面的右侧

02 单击面板右上角的"折叠为图标"按钮▶▶，可以将面板折叠成图标状，如图1-52所示。

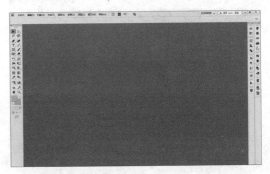

图1-52 将面板折叠成图标状

03 单击一个图标面板，即可展开相关面板，如图1-53所示。

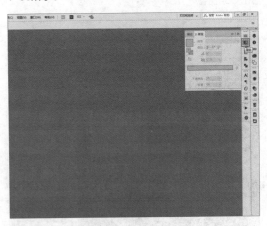

图1-53 展开相关面板

04 在面板组中，上下左右拖曳面板的名称可以重新组合面板，如选择"颜色"面板并向上拖曳，至合适位置后，显示蓝色虚框，如图1-54所示。

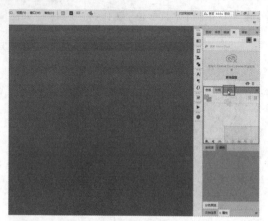

图 1-54 显示蓝色虚框

05 释放鼠标左键，即可组合面板，如图1-55所示。

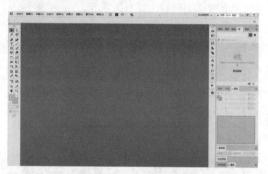

图 1-55 组合面板

06 将一个面板名称拖曳到窗口的空白处，可以将其从面板组中分离出来，使之成为浮动面板，如图1-56所示。

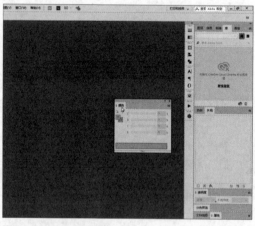

图 1-56 显示浮动面板

07 拖曳浮动面板的标题栏，可以将它放在窗口中的任意位置，如图1-57所示。

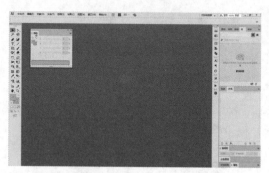

图 1-57 移动浮动面板

08 单击浮动面板顶部的 ● 按钮，可以逐级显示或隐藏面板选项，如图1-58～图1-60所示。

图 1-58 逐级显示或隐藏面板选项 1

图 1-59 逐级显示或隐藏面板选项 2

图 1-60 逐级显示或隐藏面板选项 3

09 拖曳面板左下角或者右下角，可以调整面板的大小，如图1-61所示。

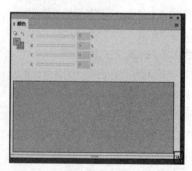

图 1-61 调整面板的大小

10 如果要改变停放中的所有面板宽度，可以将鼠标指针放在面板左侧边界，单击并向左侧拖曳鼠标，如图1-62所示。

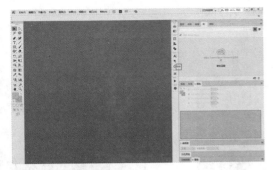

图 1-62　改变所有面板宽度

11 单击面板右上角的 ☰ 按钮，可以打开面板菜单，如图1-63所示。

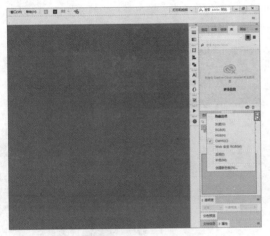

图 1-63　打开面板菜单

12 如果关闭浮动面板，可以单击它右上角的按钮；如果要关闭面板组中的面板，可在它的标题栏上单击鼠标右键，在弹出的快捷菜单中选择"关闭选项卡组"选项即可，如图1-64所示。

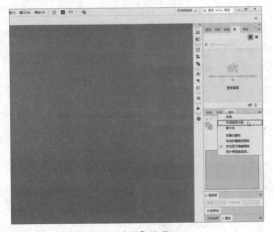

图 1-64　选择"关闭选项卡组"选项

1.3.7　实战——认识控制面板的操作

　　控制面板的功能非常广，如用户在使用工具面板中的矩形工具制作图形时，可在控制面板中设置所要绘制图形的填充颜色、描边粗细，以及画笔笔触等相关属性。另外，用户使用选择工具在图形窗口中选择某一图形时，该图形的填色、描边、描边粗细、画笔笔触等属性也将显示在控制面板中的相关选项中，并且还可以使用控制面板对选择的图形进行修改。

素材位置	无
效果位置	无
视频位置	视频 > 第 1 章 >1.3.7　实战——认识控制面板的操作 .mp4

01 单击带有下划线的文字，可以打开面板或对话框，如图1-65所示。在面板或对话框以外的区域单击，可将其关闭。

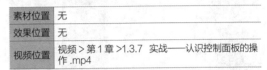

图 1-65　单击带有下划线的文字

02 单击菜单箭头按钮，可以打开下拉菜单或下拉面板，如图1-66所示。

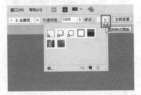

图 1-66　单击菜单箭头按钮

03 在文本框中双击鼠标左键，可以选中字符，如图1-67所示。

图 1-67　选中字符

04 重新输入数值并按下【Enter】键，即可修改数值，如图1-68所示。

图1-68 修改数值

05 拖曳控制面板最左侧的手柄栏，如图1-69所示。

图1-69 拖曳手柄栏

06 执行操作后，可以将其从停放区中移出，放在窗口底部或其他位置，如图1-70所示。

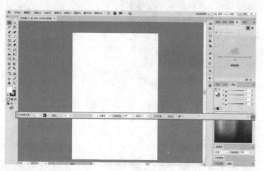

图1-70 移出手柄栏

07 单击"窗口"|"控制"命令，如图1-71所示。

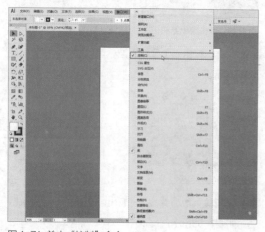

图1-71 单击"控制"命令

08 执行操作后，即可隐藏控制面板，如图1-72所示。

图1-72 隐藏控制面板

09 显示控制面板，单击最右侧的 ≡ 按钮，可以打开面板菜单，菜单中带有"✔"的选项为当前在控制面板中显示的选项，如图1-73所示。

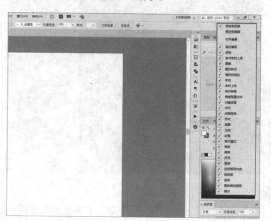

图1-73 打开面板菜单

10 选择一个选项去掉"✔"，可以在控制面板中隐藏该选项，如图1-74所示。

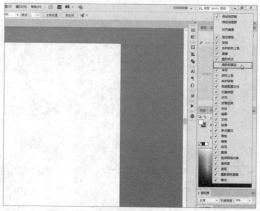

图1-74 隐藏控制面板选项

1.4 辅助工具的应用

在Illustrator CC 2017中，标尺、参考线和网格等都属于辅助工具，它们不能编辑对象，其用途是帮助用户更好地完成编辑任务。

1.4.1 实战——应用标尺　　重点

在Illustrator CC 2017中，标尺的用途是作为当前图形的参照，用于度量图形的尺寸，同时对图形进行辅助定位，使图形的设置或编辑更加方便与准确。

在Illustrator CC 2017中，水平与垂直标尺上标有0处相交点的位置称为标尺坐标原点，系统默认情况下，标尺坐标原点的位置在工作界面的左下角，当然，用户可以根据自己需要，自行定义标尺的坐标原点。

用户若想定义标尺的坐标原点，可移动鼠标指针至标尺的x轴和y轴的0点位置，拖曳鼠标至适当的位置，释放鼠标后，x轴和y轴的坐标原点会定位在释放鼠标的位置。在拖曳前的坐标原点位置处双击鼠标左键，即可恢复坐标原点的默认位置。

素材位置	素材 > 第 1 章 >1.4.1.ai
效果位置	无
视频位置	视频 > 第 1 章 >1.4.1 实战——应用标尺 .mp4

01 单击"文件"｜"打开"命令，打开一幅素材图像，如图1-75所示。

图 1-75　打开素材图像

02 在菜单栏中单击"视图"｜"标尺"｜"显示标尺"命令，如图1-76所示。

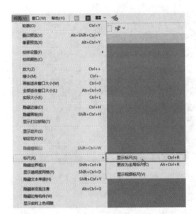

图 1-76　单击"显示标尺"命令

03 执行上述操作后，即可显示标尺，如图1-77所示。

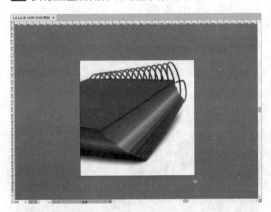

图 1-77　显示标尺

04 移动鼠标指针至水平标尺与垂直标尺的相交处，如图1-78所示。

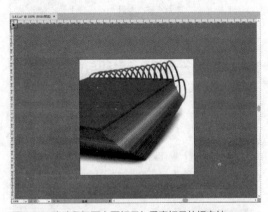

图 1-78　移动鼠标至水平标尺与垂直标尺的相交处

05 单击鼠标左键并拖曳至图像编辑窗口中的合适位置，如图1-79所示。

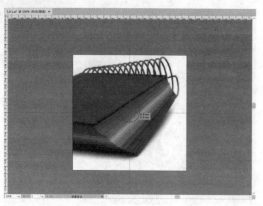

图1-79 拖曳至合适位置

06 释放鼠标左键，即可更改标尺原点位置，如图1-80所示。

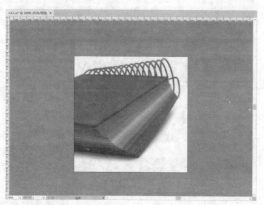

图1-80 更改标尺原点位置

专家指点

在使用标尺时，用户也可以按【Ctrl + R】组合键打开标尺工具。

1.4.2 实战——应用参考线与智能参考线

参考线与网格一样，也可以用于对齐对象，但是它比网格更方便，用户可以将参考线创建在图像的任意位置。

当用户创建、操作对象或画板时，显示的临时对齐参考线就是智能参考线，可以帮助用户对齐文本和图形对象。

素材位置	素材＞第1章＞1.4.2.ai
效果位置	效果＞第1章＞1.4.2.ai
视频位置	视频＞第1章＞1.4.2 实战——应用参考线与智能参考线.mp4

01 单击"文件"｜"打开"命令，打开一幅素材图像，如图1-81所示。

图1-81 打开素材图像

02 单击"视图"｜"标尺"｜"显示标尺"命令，显示标尺，如图1-82所示。

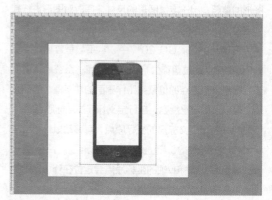

图1-82 显示标尺

03 移动鼠标指针至水平标尺上，单击鼠标左键的同时，向下拖曳鼠标至图像编辑窗口中的合适位置，如图1-83所示。

图1-83 拖曳鼠标

04 释放鼠标左键，即可创建水平参考线，如图1-84所示。

图 1-84　创建水平参考线

05 移动鼠标指针至垂直标尺上，单击鼠标左键的同时，向右侧拖曳鼠标至图像编辑窗口中的合适位置，释放鼠标左键，即可创建垂直参考线，如图1-85所示。

图 1-85　创建垂直参考线

06 单击"视图"｜"智能参考线"命令，启用智能参考线，如图1-86所示。

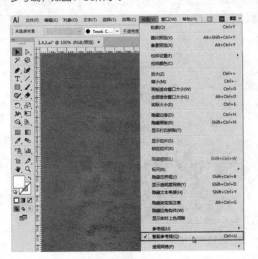

图 1-86　单击"智能参考线"命令

07 使用选择工具单击并拖曳对象将其移动，此时可借助智能参考线使对象对齐到参考线或路径上，如图1-87所示。

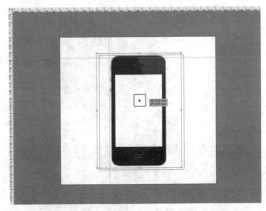

图 1-87　拖曳对象

08 依据智能参考线，调整对象的位置，如图1-88所示。

图 1-88　调整对象的位置

1.4.3　实战——应用网格和透明度网格

　　在Illustrator CC 2017中，网格是由一连串的水平和垂直点组成的，在绘制图像时常用来协助对齐窗口中的任意对象。用户可以根据需要显示网格或隐藏网格，在绘制图像时常使用网格来进行辅助操作；透明度网格可以帮助用户查看图稿中包含的透明区域。

素材位置	素材 > 第 1 章 >1.4.3.ai
效果位置	效果 > 第 1 章 >1.4.3.ai
视频位置	视频 > 第 1 章 >1.4.3 实战——应用网格和透明度网格 .mp4

01 单击"文件"|"打开"命令，打开一幅素材图像，如图1-89所示。

图1-89 打开素材图像

02 在菜单栏中单击"视图"|"显示网格"命令，如图1-90所示。

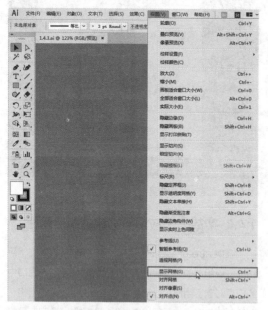

图1-90 单击"显示网格"命令

03 执行上述操作后，即可显示网格，如图1-91所示。

图1-91 显示网格

04 在菜单栏中单击"视图"|"显示透明度网格"命令，即可显示透明度网格，如图1-92所示。

图1-92 显示透明度网格

05 选取工具面板中的选择工具，单击相应对象，效果如图1-93所示。

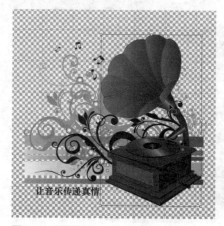

图1-93 选择对象

06 单击"窗口"|"透明度"命令，打开"透明度"面板，设置"不透明度"为50%，如图1-94所示。

图1-94 设置"不透明度"

07 此时，通过透明度网格可以清晰地观察图像的透明度效果，如图1-95所示。

图1-95 透明度效果

专家指点

当需要隐藏网格时，可以在菜单栏中单击"视图"|"隐藏网格"命令。

1.5　习题测试

为了帮助读者更好地掌握所学知识，本书重要知识的章节将给出上机习题，帮助读者进行简单的知识回顾和补充。

习题1　使用"预览"显示模式显示图形

素材位置	素材＞第1章＞习题1.ai
效果位置	效果＞第1章＞习题1.ai
视频位置	视频＞第1章＞习题1：使用"预览"显示模式显示图形.mp4

本习题需要练习使用"预览"显示模式显示图形的操作，素材与效果如图1-96所示。

图1-96 素材与效果

习题2　使用"像素预览"显示模式显示图形

素材位置	素材＞第1章＞习题2.ai
效果位置	效果＞第1章＞习题2.ai
视频位置	视频＞第1章＞习题2：使用"像素预览"显示模式显示图形.mp4

本习题需要练习使用"像素预览"显示模式显示图形的操作，素材与效果如图1-97所示。

图1-97 素材与效果

习题3　使用"叠印预览"显示模式显示图形

素材位置	素材＞第1章＞习题3.ai
效果位置	效果＞第1章＞习题3.ai
视频位置	视频＞第1章＞习题3：使用"叠印预览"显示模式显示图形.mp4

本习题需要练习使用"叠印预览"显示模式显示图形的操作，素材与效果如图1-98所示。

图1-98 素材与效果

第02章

Illustrator CC 2017基础操作

本章主要介绍与Illustrator图形文件有关的各种操作。在Illustrator中，用户可以从一个全新的空白图形文件开始创作，然后可以对图形文件进行置入、导出、存储、选择等操作。虽然都是Illustrator入门的基本知识，但本章都是通过实例说明，因为动手实践才是学习Illustrator的最佳途径。

课堂学习目标

- 掌握图形文件的基本操作方法
- 掌握选择图形的操作方法
- 掌握导出图形文件的操作方法

扫码观看本章
实战操作视频

2.1 图形文件的基本操作

用户使用Illustrator CC 2017绘制矢量图之前，首先需要掌握图形的基本操作，如图形文件的新建、打开、置入、关闭等，下面进行详细介绍。

2.1.1 实战——新建空白文件 重点

单击"文件"|"新建"命令或按【Ctrl + N】组合键，都会弹出"新建文档"对话框，设置好各参数后，单击"创建"按钮，即可新建一个Illustrator文件。

素材位置	无
效果位置	无
视频位置	视频 > 第 2 章 >2.1.1 实战——新建空白文件 .mp4

01 在菜单栏中单击"文件"|"新建"命令，弹出"新建文档"对话框，如图2-1所示。

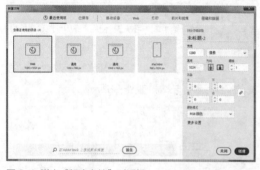

图 2-1 弹出"新建文档"对话框

02 在右侧设置"宽度"为2000，"高度"为1500，如图2-2所示。

图 2-2 设置各参数

03 单击"创建"按钮，即可新建一个空白图形文件，如图2-3所示。

图 2-3 新建空白图形文件

2.1.2 实战——打开图形文件 重点

在Illustrator中，可以打开不同格式的文件，如AI、CDR和EPS等矢量文件，以及JPEG格式的位图文件。此外，使用Adobe Bridge也可以打开和管理文件。

AI是Adobe Illustrator的专用格式，现已成为业界矢量图的标准，可在Illustrator、CorelDRAW和Photoshop中打开编辑。

素材位置	素材 > 第 2 章 >2.1.2.ai
效果位置	无
视频位置	视频 > 第 2 章 >2.1.2 实战——打开图形文件 .mp4

01 在菜单栏中单击"文件"|"打开"命令，弹出"打开"对话框，选择要打开的文件夹，如图2-4所示。

图 2-4 "打开"对话框

02 在文件区中选定所需的文件，如图2-5所示。

图 2-5 选择文件

专家指点

在 Illustrator CC 2017 中，打开文件通常有 3 种方法，分别如下。
- 快捷键：按【Ctrl + O】组合键。
- 命令：单击"文件"|"打开"命令。
- 操作：在 Illustrator 窗口中的灰色空白区域双击鼠标左键。

03 单击"打开"按钮，即可打开AI文件，如图2-6

所示。

图 2-6 打开的 AI 文件

2.1.3 实战——置入图形文件

用户在Illustrator中，使用"置入"命令，可以将外部文件导入Illustrator文档中，该命令对文件格式、置入选项和颜色等提供了最高级别的支持。

素材位置	素材 > 第 2 章 >2.1.3.ai
效果位置	无
视频位置	视频 > 第 2 章 >2.1.3 实战——置入图形文件 mp4

01 新建一幅空白文档，单击"文件"|"置入"命令，弹出"置入"对话框，在其中选择一幅素材图像，如图2-7所示。

图 2-7 置入 AI 文件

02 单击"置入"按钮，即可将素材图像置入当前文档中，单击控制面板中的"嵌入"按钮，完成置入操作，如图2-8所示。

图 2-8 置入的 AI 文件

2.1.4 实战——置入多个文件 进阶

用户在Illustrator中也可以同时置入多个文件，在置入多个文件时如果要放弃某个图稿，可按方向键（【↑】键、【→】键、【↓】键和【←】键）导航到该图稿，然后按【Esc】键确认。

素材位置	素材 > 第 2 章 >2.1.4(1).jpg、2.1.4(2).jpg
效果位置	效果 > 第 2 章 >2.1.4.ai
视频位置	视频 > 第 2 章 >2.1.4 实战——置入多个文件.mp4

01 新建一幅空白文档，单击"文件"|"置入"命令，弹出"置入"对话框，在其中选择多个素材图像，如图2-9所示。

图 2-9 选择素材图像

02 每单击一下鼠标，便会以原始尺寸置入图稿，如图2-10所示。

图 2-10 置入图稿

03 如果要自定义图稿的大小，可通过单击并拖曳鼠标的方式来操作（置入的文件与原始资源的大小成比例），如图2-11所示。

图 2-11 自定义图稿大小

专家指点

Illustrator CC 2017 的兼容性十分强大，除了源文件的 AI 格式外，还可以置入 PSD、TIFF、DWG 和 PDF 等格式，而所置入的文件素材将全部置于当前文档中。
另外，单击"置入"按钮后，在弹出的对话框中选择相应的"类型"选项，再单击"确定"按钮即可。

2.1.5 实战——关闭图形文件

用户在Illustrator CC中完成绘图或者编辑完文件之后，一般都会采用单击"关闭"按钮的方法退出Illustrator CC应用软件，该方法是最简单、最方便的。

素材位置	素材 > 第 2 章 >2.1.5.ai
效果位置	无
视频位置	视频 > 第 2 章 >2.1.5 实战——关闭图形文件.mp4

01 单击Illustrator CC应用程序窗口右上角的"关闭"按钮 ✕ ，如图2-12所示。

图 2-12　关闭图形文件

02 执行操作后，即可快速退出Illustrator CC 2017 应用软件。

2.2 导出与存储图形文件

Illustrator能够识别所有通用的文件格式，因此，用户可以将Illustrator中创建的文件导出为不同的格式，以便被其他程序使用。

另外，在新建文件或对文件进行处理之后，需要及时保存，以免因断电或死机等使劳动成果付之东流。

2.2.1　实战——导出图形为PDF文件

Adobe公司设计PDF文件格式的目的是为了支持跨平台上的多媒体集成的信息出版和发布，尤其是提供对网络信息发布的支持。为了达到此目的，PDF具有许多其他电子文档格式无可比拟的优点。

PDF文件格式可以将文字、字体、格式、颜色及独立于设备和分辨率的图形图像等封装在一个文件中。该格式文件还可以包含超文本链接、声音和动态影像等电子信息，集成度和安全可靠性都较高，并且无论在哪种打印机上都可以保证精确的颜色和打印效果。

素材位置	素材 > 第 2 章 > 2.2.1.ai
效果位置	效果 > 第 2 章 > 2.2.1.pdf
视频位置	视频 > 第 2 章 > 2.2.1 实战——导出图形为 PDF 文件 .mp4

01 单击"文件"|"打开"命令，打开一幅素材图像，如图2-13所示。

图 2-13　打开素材图像

02 单击"文件"|"存储为"命令，弹出"存储为"对话框，可输入保存的文件名，选择保存的文件类型，如图2-14所示。

图 2-14　"存储为"对话框

03 单击"保存"按钮，弹出"存储Adobe PDF"对话框，单击"存储PDF"按钮，如图2-15所示，执行操作后，即可将文件导出为PDF文件。

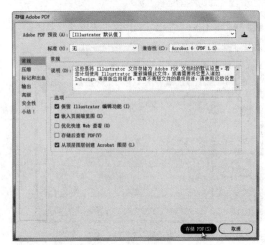

图 2-15　单击"存储 PDF"按钮

2.2.2 实战——打包图形文件

在Illustrator中，用户可以使用"打包"命令将文档中的图形、字体、链接图形和打包报告等相关内容自动保存到一个文件夹中。有了打包功能，用户就省略了手动分离和转存工作，可以自动提取文件中的文字和图稿资源，并可实现轻松传送文件的目的。

素材位置	素材 > 第 2 章 >2.2.2.ai
效果位置	效果 > 第 2 章 >2.2.2>2.2.2.ai、2.2.2 报告 txt
视频位置	视频 > 第 2 章 >2.2.2 实战——打包图形文件 .mp4

01 单击"文件"|"打开"命令，打开一幅素材图像，如图2-16所示。

图 2-16 打开素材图像

02 单击"文件"|"打包"命令，弹出"打包"对话框，单击"选择打包文件夹位置"按钮，如图2-17所示。

图 2-17 "打包"对话框

03 执行操作后，弹出"选择文件夹位置"对话框，设置打包文件的保存位置，如图2-18所示。

图 2-18 "选择文件夹位置"对话框

04 单击"选择文件夹"按钮，即可设置打包文件夹的位置和名称，如图2-19所示。

图 2-19 设置文件夹的位置和名称

05 单击"打包"按钮，弹出信息提示框，单击"确定"按钮，如图2-20所示。

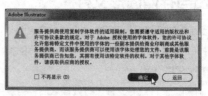

图 2-20 单击"确定"按钮

06 弹出信息提示框，单击"显示文件包"按钮，如图2-21所示。

图 2-21 单击"显示文件包"按钮

07 执行操作后，即可将内容打包到文件夹中，如图2-22所示。

图 2-22 已打包到文件夹的文件

2.2.3 实战——直接存储图形文件 进阶

用户在使用Illustrator CC 2017时不管是新建文件，还是对打开的原有文件进行编辑和修改，在操作完成后，都需要存储文件。在Illustrator CC 2017中，除可以直接使用Windows应用程序的"存储"和"存储为"命令外，还可以使用"存储副本""存储为模板"等命令。

素材位置	素材 > 第 2 章 >2.2.3.ai
效果位置	效果 > 第 2 章 >2.2.3.ai
视频位置	视频 > 第 2 章 >2.2.3 实战——直接存储图形文件 .mp4

01 单击"文件"|"打开"命令，打开一幅素材图像，如图2-23所示。

图 2-23 打开素材图像

02 运用选择工具适当移动文字的位置，如图2-24所示。

图 2-24 移动文字的位置

03 单击"文件"|"存储"命令，即可存储图像，如图2-25所示。

图 2-25 单击"存储"命令

04 单击"文件"|"关闭"命令，即可关闭该文档。

专家指点

用户若要存储所编辑的文件，可单击"文件"|"存储"命令，或按【Ctrl + S】组合键，

2.2.4 另存为图形文件

在Illustrator中，用户可以将绘制好的图形另存至硬盘的其他位置，以便日后编辑使用。

用户在存储文件时，如果所用的文件名和所选文件夹内的某一文件同名，单击"存储为"按钮，将弹出信息提示对话框，如图2-26所示，用户可以根据需要单击"是"或"否"按钮。

图 2-26 信息提示对话框

用户可在"文件"中找到"存储为"命令或直接按【Shift + Ctrl + S】组合键，将弹出"存储为"对话框，在其中输入保存的文件名，选择保存的文件格式，如图2-27所示。

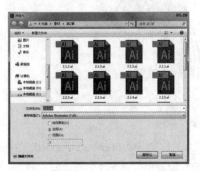

图 2-27 "存储为"对话框

单击"保存"按钮，弹出"Illustrator选项"对话框，选择所要保存的版本，如图2-28所示，单击"确定"按钮，即可将文件保存起来。

图 2-28 选择所要保存的版本

2.2.5 实战——将图形文件存储为模板

在Illustrator中，使用"存储为模板"命令，可以将当前文件保存为一个模板文件。

素材位置	素材 > 第 2 章 >2.2.5.ai
效果位置	效果 > 第 2 章 >2.2.5.ait
视频位置	视频 > 第 2 章 >2.2.5 实战——将图形文件存储为模板 .mp4

01 单击"文件"|"打开"命令，打开一幅素材图像，如图2-29所示。

图 2-29 打开素材图像

02 单击"文件"|"存储为模板"命令，弹出"存储为"对话框，设置相应的保存位置，如图2-30所示。

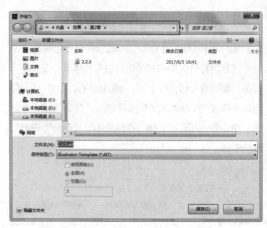

图 2-30 "存储为"对话框

03 可以看到Illustrator会将文件存储为AIT（Adobe Illustrator模板）格式，单击"保存"按钮，如图2-31所示，即可将当前文件保存为一个模板文件。

图 2-31 单击"保存"命令

2.2.6 实战——将图形文件存储为副本

用户在使用"存储副本"命令时，可以基于当前文件保存一个同样的副本，副本文件名称的后面会添加"复制"两个字。如果不想保存对当前文件做出的修改，则可以通过该命令创建文件的副本，再将当前文件关闭。

素材位置	素材 > 第 2 章 >2.2.6.ai
效果位置	效果 > 第 2 章 >2.2.6_ 复制 .ai
视频位置	视频 > 第 2 章 >2.2.6 实战——将图形文件存储为副本 .mp4

01 单击"文件"|"打开"命令，打开一幅素材图像，如图2-32所示。

图 2-32 打开素材图像

02 选择图形对象，单击鼠标右键，在弹出的快捷菜单中选择"变换"|"旋转"选项，如图2-33所示。

图 2-33 选择"旋转"选项

03 弹出"旋转"对话框，设置"角度"为90°，如图2-34所示。

图 2-34 "旋转"对话框

04 单击"确定"按钮，即可旋转图形，如图2-35所示。

图 2-35 旋转图形

05 单击"文件"|"存储副本"命令，弹出"存储副本"对话框，设置相应的保存位置，如图2-36所示。

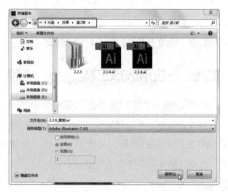

图 2-36 "存储副本"对话框

06 单击"保存"按钮，弹出"Illustrator选项"对话框，保持默认设置，单击"确定"按钮，如图2-37所示。

图 2-37 "Illustrator 选项"对话框

07 执行操作后，即可将当前文件保存为副本，如图2-38所示。

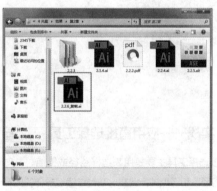

图 2-38 将当前文件存储为副本

2.3 选择图形文件

在Illustrator CC 2017中，如果要编辑图形对象，首先应选择图形对象。Illustrator CC 2017提供了许多选择工具和命令，适用于不同类型的对象选择。

2.3.1 实战——应用选择工具 重点

在任何一款软件中，选择对象都是使用频率最高的操作。在操作过程中，不论是修改对象还是删除对象等，都必须先选择相应的对象，才能对对象进一步操作。因此，选择对象是一切操作的前提。

素材位置	素材 > 第 2 章 >2.3.1.ai
效果位置	无
视频位置	视频 > 第 2 章 >2.3.1 实战——应用选择工具 .mp4

01 单击"文件"｜"打开"命令，打开一幅素材图像，如图2-39所示。

图 2-39 打开素材图像

02 使用选择工具 ▶ 在需要选择的图形上单击鼠标左键，即可选中该对象，如图2-40所示。

图 2-40 选择图像

2.3.2 实战——应用直接选择工具 重点

直接选择工具主要是用来选择路径或锚点，并对图形的路径段和锚点进行调整。在经过编组操作的图形中，用户可以使用直接选择工具进行选取。

素材位置	素材 > 第 2 章 >2.3.2.ai
效果位置	无
视频位置	视频 > 第 2 章 >2.3.2 实战——应用直接选择工具 .mp4

01 单击"文件"｜"打开"命令，打开一幅素材图像，如图2-41所示。

图 2-41 打开素材图像

02 选取工具面板中的直接选择工具 ▷ ，如图2-42所示。

图 2-42 选取直接选择工具

03 在图形上单击鼠标左键，即可观察使用直接选择工具选中图形的状态，如图2-43所示。

图 2-43 选中图形

2.3.3 实战——应用编组选择工具　重点

在使用Illustrator CC 2017绘制或编辑图形时，有时需要将几个图形进行编组，图形在编组后，若再想选择其中的某一个图形，使用普通的选择工具是无法办到的，而工具面板中的编组选择工具可用于选择一个编组中的任一对象或嵌套在编组中的组对象。

素材位置	素材 > 第 2 章 >2.3.3.ai
效果位置	无
视频位置	视频 > 第 2 章 >2.3.3 实战——应用编组选择工具 .mp4

01 单击"文件"｜"打开"命令，打开一幅素材图像，如图2-44所示。

图 2-44　打开素材图像

02 选取工具面板中的编组选择工具 ，如图2-45所示。

图 2-45　选取编组选择工具

03 将鼠标指针移至一个图形上，单击鼠标左键，即可选中该图形，如图2-46所示。

图 2-46　选择图形

04 再次单击鼠标左键，即可选中包含已选图形在内的所有图形组，如图2-47所示，编组后的图形便于移动和调整大小。

图 2-47　选取整个组的图形

专家指点

用户在选择路径段和锚点时，直接选择工具最为合适；在选择编组或嵌套组中的路径或对象时，编组选择工具最为合适。

2.3.4 实战——应用魔棒工具

用户使用魔棒工具可以选择填充色、透明度和画笔笔触等属性相同或相近的矢量图形对象，其基本功能与Photoshop中的魔棒工具相似。

魔棒工具可以选择与当前单击图形对象属性相同或相近的图形，其具体相似程度由"魔棒"面板决定。单击"窗口"｜"魔棒"命令，或双击工具面板中的魔棒工具，弹出"魔棒"面板，如图2-48所示。

图 2-48　"魔棒"工具面板

该面板中的主要选项含义如下。

◆ 填充颜色：选中该复选框，可以选择与当前所选图形对象具有相同或相似填充颜色的图形对象。其右侧的"容差"选项用于设置其他选择图形对象与当前所选对象相似的程度，其数值越小，相似程度越大，选择范围越小。

◆ 描边颜色：选中该复选框，可以选择与当前所选图形对象具有相同或相似轮廓颜色的对象，选择对象的相似程度可在其右侧的"容差"选项中设置。

◆ 描边粗细：选中该复选框，可以选择轮廓粗细与当前所选图形对象相同或相似的图形对象。

◆ 不透明度：选中该复选框，可以选择与当前所选图形对象具有相同透明度设置的图形对象。

◆ 混合模式：选中该复选框，可以选择与当前所选对象具有相同混合模式的图形对象。

素材位置	素材 > 第 2 章 >2.3.4.ai
效果位置	无
视频位置	视频 > 第 2 章 >2.3.4 实战——应用魔棒工具.mp4

01 单击"文件"｜"打开"命令，打开一幅素材图像，如图2-49所示。

图 2-49 打开素材图像

02 选取工具面板中的魔棒工具 ，如图2-50所示。

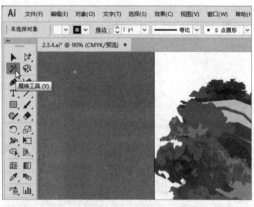

图 2-50 选取魔棒工具

03 将鼠标指针移至瀑布图形上，单击鼠标即可选中淡蓝色的区域，或者相近属性的图形，如图2-51所示。

图 2-51 选择图形

2.3.5 实战——应用套索工具

套索工具用于选择图形的部分路径和锚点。该工具的操作方法非常简单，只需在工具面板中选择套索工具，移动鼠标指针至图形窗口，在窗口中需要选择的路径或部分路径锚点处单击鼠标左键并拖曳，此时将绘制一个类似于圆形的曲线图形，即可选中与该曲线图形相交的图形对象。

在使用套索工具选择图形时，按住【Shift】键可以增加选择，按【Alt】键，可以减去选择。另外，不管使用哪一种选择工具选择图形，用户只要在图形窗口中的空白区域单击鼠标左键（或按【Ctrl＋Shift＋A】组合键），即可取消选择。

素材位置	素材 > 第 2 章 >2.3.5.ai
效果位置	无
视频位置	视频 > 第 2 章 >2.3.5 实战——应用套索工具 .mp4

01 单击"文件"｜"打开"命令，打开一幅素材图像，如图2-52所示。

图 2-52 打开素材图像

02 选取工具面板中的套索工具 ，如图2-53所示。

图 2-53　选取套索选择工具

03 将鼠标指针移至图像窗口的合适位置，单击鼠标左键并拖曳，即可绘制一条不规则的线条，如图2-54所示。

图 2-54　使用套索工具勾勒

04 至合适位置后释放鼠标左键，即可选中线条范围内的图形，如图2-55所示。用户可以对选中的图形进行编辑。

图 2-55　选中图形

专家指点

用户使用工具选择图形时，不仅可以单击工具面板中相应的工具，还可以按快捷键，如选择工具的快捷键为【V】，直接选择工具的快捷键为【A】，魔棒工具的快捷键为【Y】，套索工具的快捷键为【Q】。

若当前使用的工具为选择工具以外的其他工具时，按【Ctrl】键便可切换至上一次所使用的选择工具。

2.3.6　实战——应用"图层"面板　**重点**

用户在编辑复杂的图稿时，小图形经常会被大图形遮盖，想要选择被遮盖的对象比较困难，遇到这种情况时，用户可以通过"图层"面板来选择对象。

素材位置	素材 > 第 2 章 >2.3.6.ai
效果位置	无
视频位置	视频 > 第 2 章 >2.3.6　实战——应用"图层"面板 .mp4

01 单击"文件" | "打开"命令，打开一幅素材图像，如图2-56所示。

图 2-56　打开素材图像

02 单击"窗口" | "图层"命令，展开"图层"面板，如图2-57所示。

图 2-57　展开"图层"面板

03 单击"图层1"图层右侧的"单击可定位（拖移可移动外观）"按钮 ○，如图2-58所示。

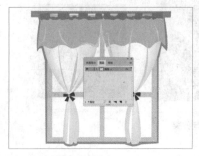

图 2-58　单击相应按钮

04 执行操作后，该按钮 呈 形状显示，如图2-59所示。

图 2-59 图标变化

05 此时，该"图层1"中的所有对象都会被选中，如图2-60所示。

图 2-60 选中图层中的全部图形

2.4 习题测试

习题1 修改文档的设置

素材位置	素材＞第2章＞习题1.ai
效果位置	效果＞第2章＞习题1.ai
视频位置	视频＞第2章＞习题1：修改文档的设置.mp4

本习题需要练习修改文档的设置的操作，素材与效果如图2-61所示。

图 2-61 素材与效果

习题2 应用视频标尺

素材位置	素材＞第2章＞习题2.ai
效果位置	效果＞第2章＞习题2.ai
视频位置	视频＞第2章＞习题2：应用视频标尺.mp4

本习题需要练习应用视频标尺的操作，素材与效果如图2-62所示。

图 2-62 素材与效果

习题3 用"现用画板上的全部对象"命令选择对象

素材位置	素材＞第2章＞习题3.ai
效果位置	效果＞第2章＞习题3.ai
视频位置	视频＞第2章＞习题3：用"现用画板上的全部对象"命令选择对象.mp4

本习题需要练习用"现用画板上的全部对象"命令选择对象的操作，素材与效果如图2-63所示。

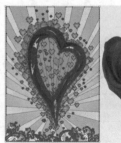

图 2-63 素材与效果

进阶提高篇

创建与编辑图形对象

第 **03** 章

Illustrator CC 2017是绘制矢量图形的专业绘图软件，提供了丰富的绘图工具，如几何工具组、线形工具组、自由绘图工具、钢笔工具等。熟悉并掌握各种绘图工具的使用技巧，掌握编辑图形对象的方法后，能够绘制出精美的图形，设计出完美的作品。

课堂学习目标

- 掌握绘制几何图形的操作方法
- 掌握编组与管理图形的操作方法
- 掌握排列与对齐图形的操作方法
- 掌握复制与粘贴图形的操作方法

扫 码 观 看 本 章
实 战 操 作 视 频

3.1 绘制几何图形

在Illustrator CC 2017中，绘制基本图形的工具主要有直线段工具 ╱、矩形工具 ▭、圆角矩形工具 ▢、椭圆工具 ◯、星形工具 ☆、多边形工具 ⬡ 等，下面进行详细介绍。

3.1.1 使用直线段工具绘制直线段 重点

使用工具面板中的直线段工具，可在图形窗口中绘制直线线段，工具选取如图3-1所示。

用户若要绘制精确的线段，可在选取直线段工具的情况下，在图形窗口中单击鼠标左键，此时将弹出"直线段工具选项"对话框，如图3-2所示。

图 3-1 选择直线段工具

图 3-2 "直线段工具选项"
对话框

"直线段工具选项"对话框中的选项含义如下。

- ◆ 长度：在右侧的文本框中输入数值，然后单击"确定"按钮后，可以精确地绘制出一条线段。

- ◆ 角度：在右侧的文本框中设置不同的角度值，Illustrator将按照所定义的角度在图形窗口中绘制线段。

- ◆ 线段填色：选中该复选框，当绘制的线段改为折线或曲线后，Illustrator将以设置的前景色填充。

用户在"直线段工具选项"对话框中设置相应的参数后，单击"确定"按钮，即可绘制出精确的线段，如图3-3所示。

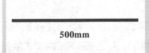

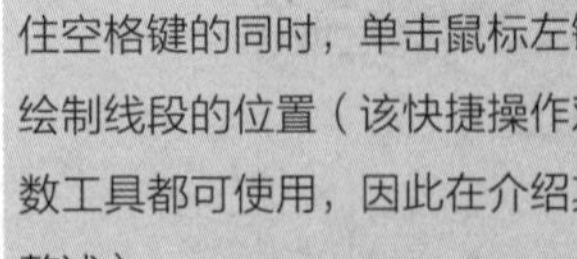

500mm

图 3-3 精确的直线段

选取工具面板中的直线段工具后，在图形窗口中按住空格键的同时，单击鼠标左键并拖曳，可以移动所绘制线段的位置（该快捷操作对于工具面板中的大多数工具都可使用，因此在介绍其他的工具时，将不再赘述）。

- ◆ 用户若是按住【Alt】键的同时，在图形窗口中单击鼠标左键并拖曳，则可以绘制以鼠标单击点为中心，向两边延伸的线段。

- ◆ 用户若是按住【Shift】键的同时，在图形窗口中单击鼠标左键并拖曳，则可以绘制以45°递增的直线段，如图3-4所示。

图 3-4 按住【Shift】键的同时绘制线段

◆ 用户若是按住【～】键的同时，在图形窗口中单击鼠标左键并拖曳，则可以绘制放射式线段，如图3-5所示。

图 3-5 按住【～】键的同时绘制的放射式线段

专家指点

在使用直线段工具绘制直线段时，若按住【Shift】键，所绘制的直线段为垂直线段。

3.1.2 使用弧线工具绘制弧线

用户可以使用工具面板中的弧线工具在图形窗口中绘制弧线。

操作方法与直线段工具相同，用户若要绘制精确的弧线，可在选取弧线工具的情况下，在图形窗口中单击鼠标左键，此时将弹出"弧线段工具选项"对话框，如图3-6所示。

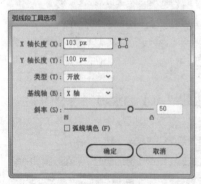

图 3-6 "弧线段工具选项"对话框

"弧线段工具选项"对话框中的主要选项含义如下。

◆ X轴长度和Y轴长度：用于设置弧线在水平方向和垂直方向的长度值，通过该文本框右侧的按钮，可以选择所创建的弧线的起始位置。

◆ 类型：用于设置绘制的弧线类型（包括"开放"和"闭合"两种类型）。

◆ 基线轴：用于设置弧线的坐标方向为"X轴"或是"Y轴"。

◆ 斜率：用于设置弧线线段的凹凸程度，其数值范围为-100～100。若输入的数值小于0，则绘制的弧线为凹陷形状；若数值大于0，则绘制的弧线为凸出形状；若输入的数值为0，则绘制的弧线为直线形状。用户可以直接在其右侧的文本框中输入数值，也可以通过移动滑块进行数值的设置。

◆ 弧线填色：选中该复选框，绘制的弧线线段具有填充效果。

用户使用弧线工具直接绘制弧线时，按住【↑】键的同时，可以调整弧线的斜面凸出程度；按【↓】键的同时，可以调整弧线的斜面凹陷程度；按住【C】键的同时，可以切换弧线类型为"闭合"或"开放"；按住【X】键的同时，可以切换弧线的坐标方向为"X轴"或"Y轴"。

与使用直线段工具绘制直线段的技巧一样，用户也可以通过配合使用快捷键来绘制弧线。在绘制弧线的操作时，若按住【Alt】键，那么将会以单击位置为弧线的中心，向其两侧延展绘制弧线；若按住【Shift】键，那么将会以45°为角度递增绘制弧线，如图3-7所示；若按住【～】键，将可以绘制多条弧线，如图3-8所示。

图 3-7 按住【Shift】键的同时绘制的弧线

图 3-8 按住【～】键的同时绘制的弧线

3.1.3 使用螺旋线工具绘制螺旋线 进阶

螺旋线是一种平滑、优美的曲线，可以构成简洁漂亮的图案，如图3-9所示。

图 3-9 绘制的螺旋曲线

用户若要精确地绘制螺旋线，可在选取该工具的情况下，在窗口中单击鼠标左键，此时将弹出"螺旋线"对话框，如图3-10所示。

图 3-10 "螺旋线"对话框

"螺旋线"对话框中的主要选项含义如下。

◆ 半径：用于设置所绘制的螺旋线最外侧的点至中心点的距离。

◆ 衰减：用于设置所绘制的螺旋线中每个旋转圈相对于里面旋转圈的递减曲率。

◆ 段数：用于设置螺旋线中段数。

◆ 样式：用于设置螺旋线是按顺时针绘制还是按逆时针进行绘制。

在使用螺旋线工具绘制螺旋线时，若按住【Shift】键，那么将向45°角为增量的方向绘制螺旋线；若按住【Ctrl】键，可以增加螺旋线的密度；若按【↑】键，可以增加螺旋线的圈数；若按【↓】键，可以减少螺旋

线的圈数；若按住【~】键，可以绘制多条不同方向和大小的螺旋线，如图3-11所示。

图 3-11 按住【~】键的同时绘制的螺旋线

3.1.4 实战——使用矩形工具绘制矩形和正方形 进阶

矩形工具是绘制图形时比较常用的基本图形工具，用户可以通过拖曳鼠标的方法绘制矩形，同时也可以通过"矩形"对话框绘制精确的矩形。

用户若要精确地绘制矩形图形，可在选取该工具的情况下，在图形窗口中单击鼠标左键，此时将弹出"矩形"对话框，如图3-12所示。

图 3-12 "矩形"对话框

"矩形"对话框中的主要选项含义如下。

◆ 宽度：用于设置绘制的矩形的宽度。

◆ 高度：用于设置绘制的矩形的高度。

用户在"矩形"对话框中，设置好相应的参数后，单击"确定"按钮，即可按照定义的大小绘制矩形。

用户在绘制矩形图形时，若同时按住【Shift】键，可以绘制正方形图形；同时按住【Alt】键，可以绘制出以起始点为中心，向四周延伸的矩形图形；若同时按住【Alt + Shift】组合键，将以鼠标单击点为中心点，向四周延伸，绘制一个正方形图形。

素材位置	素材 > 第 3 章 >3.1.4.ai
效果位置	效果 > 第 3 章 >3.1.4.ai
视频位置	视频 > 第 3 章 >3.1.4 实战——使用矩形工具绘制矩形和正方形 .mp4

01 单击"文件"｜"打开"命令，打开一幅素材图像，如图3-13所示。

图 3-13 打开素材图像

02 选取工具面板中的矩形工具█，设置"填色"为灰色（#676767），按住【Shift】键的同时，在图像中合适的位置单击鼠标左键，拖曳鼠标至合适位置后，释放鼠标左键，即可绘制一个正方形，如图3-14所示。

图 3-14 绘制正方形

03 选择绘制的正方形，按两次【Ctrl + [】组合键，将该图形下移，效果如图3-15所示。

图 3-15 调整排列顺序

04 用同样的方法绘制一个矩形，并将其置于底层，效果如图3-16所示。

图 3-16 绘制矩形

3.1.5 实战——使用圆角矩形工具绘制圆角矩形

使用圆角矩形工具可以绘制出带有圆角的矩形图形。

用户若要精确地绘制圆角矩形，可在选取该工具的情况下，在图形窗口中单击鼠标左键，此时将弹出"圆角矩形"对话框，如图3-17所示。

图 3-17 "圆角矩形"对话框

"圆角矩形"对话框中的主要选项含义如下。

◆ 宽度：用于设置圆角矩形的宽度。

◆ 高度：用于设置圆角矩形的高度。

◆ 圆角半径：用于设置圆角的半径值。

利用圆角矩形工具绘制圆角矩形时，还有以下使用技巧。

◆ 若按住【Shift】键，将绘制一个正方形圆角矩形对象。

◆ 若按住【Alt】键，将以鼠标单击点为中心向四周延伸绘制圆角矩形对象。

◆ 若按【Shift + Alt】组合键，将以鼠标单击点为中心向四周延伸，绘制一个正方形圆角矩形对象。

◆ 若按【Alt + ~ 】组合键，将以鼠标单击点为中心，绘制出多个大小不同的圆角矩形对象。

素材位置	素材＞第3章＞3.1.5.ai
效果位置	效果＞第3章＞3.1.5.ai
视频位置	视频＞第3章＞3.1.5 实战——使用圆角矩形工具绘制圆角矩形.mp4

01 单击"文件"｜"打开"命令，打开一幅素材图像，如图3-18所示。

图3-18 打开素材图像

02 选取工具面板中的圆角矩形工具，设置"填色"为蓝色（#8EB9E3），在窗口中单击鼠标左键，弹出"圆角矩形"对话框，设置"宽度"为150mm，"高度"为150mm，"圆角半径"为10mm，如图3-19所示。

图3-19 "圆角矩形"对话框

03 单击"确定"按钮，即可绘制出一个指定大小和圆角半径的圆角矩形，如图3-20所示。

图3-20 绘制圆角矩形

04 使用选择工具选中所绘制的圆角矩形，将圆角矩形置于底层，并调整图形之间的位置，效果如图3-21所示。

图3-21 调整图形位置

3.1.6 使用椭圆工具绘制圆形和椭圆形

使用椭圆工具可以快速地绘制一个任意半径的圆或椭圆。

用户若要精确地绘制椭圆图形，可在选取该工具的情况下，在图形窗口中单击鼠标左键，此时将弹出"椭圆"对话框，如图3-22所示。

图3-22 "椭圆"对话框

"椭圆"对话框中的主要选项含义如下。

◆ 宽度：用于设置绘制的椭圆图形的宽度。
◆ 高度：用于设置绘制的椭圆图形的高度。

使用工具面板中的椭圆工具绘制椭圆图形时，若按住【Shift】键，可绘制一个圆形；若按住【Alt】键，将以鼠标单击点为中心向四周延伸，绘制一个椭圆图形；若按住【Shift＋Alt】组合键，将以鼠标单击点为中心向四周延伸，绘制一个圆形；若按住【Alt＋～】组合键，将以鼠标单击点为中心向四周延伸，绘制多个椭圆图形，如图3-23所示。

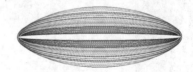

图3-23 按住【Alt＋～】组合键的同时绘制的椭圆

在许多软件的工具面板中，若某些工具图标的右下角有一个黑色的小三角形，则表示该工具中还有其他工具，通常称之为工具组，如几何工具组里就包括矩形工具、圆角矩形工具、椭圆工具和星形工具等。若要进行工具之间的切换，则按住【Alt】的同时，在该工具图标单击鼠标左键即可。

3.1.7 使用多边形工具绘制多边形　　进阶

使用多边形工具可以快速绘制指定边数的正多边形。

使用多边形工具绘制图形时，在半径较小的时候，多边形的边数不要设置得太大，否则所绘制的多边形将和一个圆没什么区别。

在使用多边形工具绘制多边形图形时，若按住【Shift】键的同时在图形窗口中单击鼠标左键并拖曳，所绘制多边形的底部与窗口的底部是水平对齐的；若按【↑】键，绘制的多边形将随着鼠标的拖曳逐渐地增加边数；若按【↓】键，绘制的多边形将随着鼠标的拖曳逐渐地减少边数；若按【～】键，将绘制多个重叠的不同大小的多边形，使之产生特殊的效果，如图3-24所示。

图 3-24 按住【～】键的同时绘制的多边形

用户若要精确地绘制多边形图形，可在选取该工具的情况下，在图形窗口中单击鼠标左键，此时将弹出"多边形"对话框，如图3-25所示。

图 3-25 "多边形"对话框

"多边形"对话框的"边数"文本框中，可输入的最小参数值为3，即绘制图形为三角形。用户设置的"边数"值越大，所绘制的多边形越接近圆形。

3.1.8 使用星形工具绘制星形　　进阶

使用星形工具可以快速地绘制各种角数、宽度的星形图形，如图3-26所示，其操作方法与其他的基本几何体绘制工具一样。

图 3-26 绘制的星形

用户在使用星形工具绘制星形图形时，若按【↑】键，绘制的图形将随着鼠标的拖曳逐渐地增加边数；若按【↓】键，绘制的图形将随着鼠标的拖曳逐渐地减少边数；若按【～】键，单击鼠标左键并向不同的方向拖曳鼠标，将绘制出多个重叠的、不同大小的星形，使之产生特殊的效果，如图3-27所示。

图 3-27 按住【～】键的同时绘制的星形

用户若要绘制精确的星形图形，可在选取该工具的情况下，在图形窗口中单击鼠标左键，此时将弹出"星形"对话框，如图3-28所示。

图3-28 "星形"对话框

"星形"对话框中的主要选项含义如下。

◆ 半径1：用于定义所绘制星形图形内侧点至星形中心点的距离。

◆ 半径2：用于定义所绘制星形图形外侧点至星形中心点的距离。

◆ 角点数：用于定义所绘制星形图形的角数。

在"星形"对话框中，当"半径1"和"半径2"文本框中的数值相同时，在图形窗口中将生成多边形图形，且多边形的边数为"角点数"文本框中所输入的数值的两倍。

3.1.9 使用矩形网格工具绘制矩形网格

使用矩形网格工具可以快速地绘制网格图形，工具选取如图3-29所示。

图3-29 选取矩形网格工具

用户选择矩形网格工具后，可在窗口上单击鼠标左键并拖曳，绘制网格，如图3-30所示。

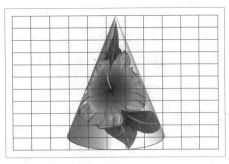

图3-30 绘制的网格图形

用户若要精确地绘制矩形网格，可在选取该工具的情况下，在图形窗口中单击鼠标左键，此时将弹出"矩形网格工具选项"对话框，如图3-31所示。

图3-31 "矩形网格工具选项"对话框

"矩形网格工具选项"对话框中的主要选项含义如下。

◆ "默认大小"选项区：用于设置网格的默认尺寸，可以控制网格的高度和宽度。

◆ "数量"选项：用于设置网格的水平和垂直的网格线数量。

◆ "倾斜"选项：在"倾斜"文本框中输入正数值，可以按照由下至上的网格偏移比例进行网格分隔；输入负值，可以按照由右至左的网格偏移比例进行网格分隔。

◆ "使用外部矩形作为框架"复选框：选中该复选框，绘制的网格图形在执行"对象"|"取消组合"命令后，网格图形将含有矩形框架图形；若取消选中该复选框，则绘制的网格图形在取消组合后，不包含矩形框架图形。

◆ "填色网格"复选框：选中该复选框，绘制的网格将以设置的颜色进行填充，如图3-32所示。

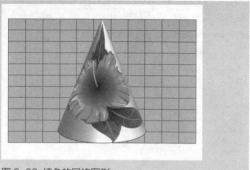

图 3-32 填色的网格图形

若用户需要绘制正方形网格，只需按住【Shift】键，便可绘制正方形网格图形。

3.1.10 使用极坐标网格绘制极网状图形

用户可以使用极坐标网格工具，绘制具有同心圆放射线效果的网状图形。

在工具面板中选取极坐标网格工具，如图3-33所示。

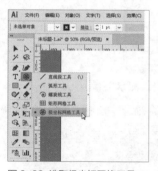

图 3-33 选取极坐标网格工具

在控制面板中设置"描边"为白色，"描边粗细"为5pt，如图3-34所示。

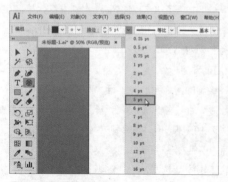

图 3-34 设置相应选项

将鼠标指针移至图像窗口中，单击鼠标左键，弹出"极坐标网格工具选项"对话框，在"默认大小"选项区中设置"宽度"为50px，"高度"为50px，设置"同心圆分隔线"的数量为5，"径向分隔线"的数量为5，如图3-35所示。

图 3-35 "极坐标网格工具选项"对话框形

单击"确定"按钮，即可在文档中绘制一个指定大小和分隔线的极坐标网格图形，如图3-36所示。

图 3-36 绘制的极坐标网格图形

3.1.11 实战——使用光晕工具绘制光晕图形

使用光晕工具可以绘制出带光辉闪耀效果的图形，该图形具有明亮的中心、晕轮、射线和光圈，若在其他图形对象上使用，会获得类似镜头眩光的特殊效果。如珠宝、阳光的光芒。

素材位置	素材 > 第 3 章 >3.1.11.ai
效果位置	效果 > 第 3 章 >3.1.11.ai
视频位置	视频 > 第 3 章 >3.1.11 实战——使用光晕工具绘制光晕图形 .mp4

01 单击"文件"｜"打开"命令，打开一幅素材图像，如图3-37所示。

图 3-37　打开素材图像

02 选取工具面板中的光晕工具，将鼠标指针移至图像窗口中，单击鼠标左键，弹出"光晕工具选项"对话框，设置"直径"为150pt，"不透明度"为60%，"亮度"为30%，如图3-38所示。

图 3-38　"光晕工具选项"对话框

03 单击"确定"按钮，即可绘制一个光晕图形，如图3-39所示。

图 3-39　绘制光晕图形

04 选取工具面板中的选择工具选中光晕，适当调整其角度，效果如图3-40所示。

图 3-40　调整后的效果图

专家指点

用户还可以对所绘制的光晕效果进行进一步的编辑，以使其更符合自己的需要。
若需要修改光晕效果的相关参数，首先应选取工具面板中的选择工具，将光晕选中，双击工具面板中的光晕工具，在弹出的"光晕工具选项"对话框中修改相应的参数，然后单击"确定"按钮即可。

3.2 编组与管理图形

复杂的图稿往往包含许多图形，为了便于选择和管理，可以将多个对象编为一组，此后进行移动、旋转和缩放等操作时，它们会一同变化。编组后，还可以随时选择组中的部分对象进行单独处理操作。

3.2.1 实战——使用图形编组

在Illustrator CC 2017中，用户可以对多个图形对象进行编组，以将其作为一个整体看待。当使用选择工具对编组中的某一图形进行移动时，编组图形的整体也将随之移动，并且编组的图形在进行移动或变换时，不会影响编组中每个图形对象的位置和属性。

素材位置	素材 > 第 3 章 >3.2.1.ai
效果位置	效果 > 第 3 章 >3.2.1.ai
视频位置	视频 > 第 3 章 >3.2.1 实战——使用图形编组 .mp4

01 单击"文件"｜"打开"命令，打开一幅素材图像，如图3-41所示。

图 3-41 打开素材图像

02 按住【Shift】键的同时，使用选择工具在每个音符图形上单击鼠标左键，选中所有的音符图形，如图3-42所示。

图 3-42 选择图形

03 单击鼠标右键，在弹出的快捷菜单中选择"编组"选项，即可将所有音符图形编组，如图3-43所示。

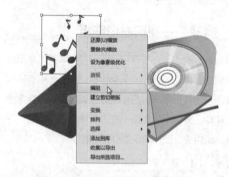

图 3-43 选择"编组"选项

04 执行操作命令后，只需要在其中一个音符图形上单击鼠标左键，即可选中所有的音符图形。拖曳至合适位置后释放鼠标，即可调整图形的位置，如图3-44所示。

图 3-44 选中单个音符调整图形位置

在 Illustrator CC 2017 中，图形的编组还有以下两种方法：
● 快命令：选择编组图形后，单击"对象"|"编组"命令。
● 快捷键：选择编组图形后，按【Ctrl + G】组合键。

3.2.2 实战——使用隔离模式

隔离模式可以隔离对象，以便用户轻松选择和编辑特定对象或对象的某些部分。

素材位置	素材 > 第 3 章 >3.2.2.ai
效果位置	效果 > 第 3 章 >3.2.2.ai
视频位置	视频 > 第 3 章 >3.2.2 实战——使用隔离模式 .mp4

01 单击"文件"|"打开"命令，打开一幅素材图像，如图3-45所示。

图 3-45 打开素材图像

02 使用选择工具双击高跟鞋，进入隔离模式，如图3-46所示。

图 3-46 进入隔离模式

03 选择高跟鞋图形中的相应部分，将其移动到合适的位置，如图3-47所示。

图 3-47 选择对象并移动

04 如果要退出隔离模式，可以单击文档窗口左上角的"后移一级"按钮 ◀，如图3-48所示，或在画板的空白处双击。

图 3-48 单击"后移一级"按钮

05 执行操作后，即可退出隔离模式，如图3-49所示。

图 3-49 退出隔离模式

3.2.3 实战——使用"路径查找器"面板 进阶

在Illustrator CC 2017中创建基本图形后，可以通过不同的方法将多个图像组合为复杂的图形。组合对象时，可以通过"路径查找器"面板查找，也可以使用复合路径和复合形状。

素材位置	素材＞第 3 章＞3.2.3.ai
效果位置	效果＞第 3 章＞3.2.3.ai
视频位置	视频＞第 3 章＞3.2.3 实战——使用"路径查找器"面板 .mp4

01 单击"文件"｜"打开"命令，打开一幅素材图像，如图3-50所示。

02 按【Ctrl＋A】组合键，将图像中的所有图形全部选中，如图3-51所示。

图 3-50 打开素材图像　　图 3-51 选中所有图形

03 按【Shift＋Ctrl＋F9】组合键，调出"路径查找器"面板，在"形状模式"选项区中单击"差集"按钮 ◻，如图3-52所示。

图 3-52 单击"差集"按钮

04 执行操作后，即可改变所选图形的图像效果，如图3-53所示。

05 撤销操作，使用选择工具选中素材图像中的蓝色、绿色图形和文字路径，如图3-54所示。

图3-53 "差集"操作后的效果　　图3-54 选中部分图形

06 在"路径查找器"浮动面板中，单击"轮廓"按钮，如图3-55所示。

07 执行操作后，素材图像的效果将以轮廓显示，如图3-56所示。

图3-55 单击"轮廓"按钮　　图3-56 图形以轮廓显示

3.2.4 实战——使用复合形状

　　复合形状能够保留原图形各自的轮廓，它对图形的处理是非破坏性的，即复合图形的外观虽然变为一个整体，但各个图形的轮廓都完好无损。

素材位置	素材 > 第 3 章 >3.2.4 ai
效果位置	效果 > 第 3 章 >3.2.4 ai
视频位置	视频 > 第 3 章 >3.2.4 实战——使用复合形状 .mp4

01 单击"文件"|"打开"命令，打开一幅素材图像，如图3-57所示。

02 按【Ctrl+A】组合键，将图像中的所有图形全部选中，如图3-58所示。

图 3-57 打开素材图像

图 3-58 选中所有图形

03 按【Shift+Ctrl+F9】组合键，调出"路径查找器"面板，在"形状模式"选项区中单击"减去顶层"按钮，如图3-59所示。

图 3-59 单击"减去顶层"按钮

04 执行操作后，即可创建复合形状，如图3-60所示。

图 3-60 创建复合形状

05 使用选择工具 ▶ 选择复合形状，单击"路径查找器"面板右上角的 ≡ 按钮，在弹出的面板菜单中选择"建立复合形状"选项，如图3-61所示。

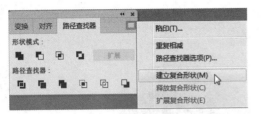

图 3-61 选择"建立复合形状"选项

06 单击"路径查找器"面板中的"扩展"按钮，如图3-62所示。

图 3-62 单击"扩展"按钮

07 执行操作后，即可扩展复合形状，如图3-63所示。

> **专家指点**
>
> 复合形状是可编辑的对象，可以使用直接选择工具或编组选择工具选取其中的对象，也可以使用锚点编辑工具修改对象的形状，或者修改复合形状的填色、样式或透明度属性。

图 3-63 扩展复合形状

3.2.5 实战——使用复合路径组合对象 进阶

复合路径是由一条或多条简单的路径组合而成的图形，常用来制作挖空效果，即可在路径的重叠处呈现孔洞。

复合形状是通过"路径查找器"面板组合的图形，可以生成相加、相减和相交等不同的运算结果，而复合路径只能创建挖空效果。

素材位置	素材 > 第 3 章 > 3.2.5.ai
效果位置	效果 > 第 3 章 > 3.2.5.ai
视频位置	视频 > 第 3 章 > 3.2.5 实战——使用复合路径组合对象 .mp4

01 单击"文件"｜"打开"命令，打开一幅素材图像，如图3-64所示。

图 3-64 打开素材图像

02 按【Ctrl + A】组合键，将图像中的所有图形全部选中，如图3-65所示。

图 3-65 选中所有图形

03 单击"对象"｜"复合路径"｜"建立"命令，如图3-66所示。

图 3-66 单击"建立"命令

04 执行操作后，即可创建复合路径，效果如图3-67所示。

图 3-67 图像效果

专家指点

Illustrator CC 2017 中的形状生成器工具可以合并或删除多个简单图形，从而生成复杂形状，非常适合处理简单的路径。

3.3 排列与对齐图形

一幅复杂的设计作品，若不经过合理的管理，就会显得杂乱无章，分不清主次与前后，也就很难达到优美而精彩的效果。因此，适当调整图形的排列顺序就显得尤为重要了。

3.3.1 实战——排列图形对象　重点

在Illustrator CC 2017中，用户除了可以通过使用"图层"面板来调整不同图层对象的前后排列关系外，还可以通过执行菜单命令调整同一图层中不同对象的前后排列关系。

素材位置	素材 > 第 3 章 > 3.3.1.ai
效果位置	效果 > 第 3 章 > 3.3.1.ai
视频位置	视频 > 第 3 章 > 3.3.1 实战——排列图形对象 .mp4

01 单击"文件"｜"打开"命令，打开一幅素材图像，如图3-68所示。

图 3-68 打开素材图像

02 选取选择工具，选中最后一个图形，如图3-69所示。

图 3-69 选中最后一个图形

03 单击鼠标右键，在弹出的快捷菜单中选择"排列"｜"置于顶层"选项，如图3-70所示。

图 3-70 选择"置于顶层"选项

04 执行操作后，即可将最后一个图形置于图像的最顶层，效果如图3-71所示。

图 3-71 图像效果 1

05 用与前面几步同样的方法，将放大镜移至图像最顶层，效果如图3-72所示。

图 3-72 图像效果 2

3.3.2 实战——用"图层"面板调整堆叠顺序

在Illustrator中绘图时，对象的堆叠顺序与"图层"面板中图层的堆叠顺序是一致的，因此，通过"图层"面板也可以调整堆叠顺序，该方法特别适合复杂的图稿。

素材位置	素材 > 第 3 章 >3.3.2.ai
效果位置	效果 > 第 3 章 >3.3.2.ai
视频位置	视频 > 第 3 章 >3.3.2 实战——用"图层"面板调整堆叠顺序 .mp4

01 单击"文件"｜"打开"命令，打开一幅素材图像，如图3-73所示。

图 3-73 打开素材图像

02 打开"图层"面板，单击"图层1 图像"图层前的三角形按钮 > ，如图3-74所示。

图 3-74 打开"图层"面板

03 执行操作后，即可展开该图层，如图3-75所示。

图 3-75 展开图层

04 选择"图层1 图像"图层，如图3-76所示。

图 3-76 选择"图层1 图像"图层

05 单击并将其拖曳至"图层2 图像"图层的上方，如图3-77所示。

图 3-77 拖曳图层

06 执行操作后，即可调整图层的顺序，效果如图3-78所示。

图 3-78 调整图层的顺序

3.3.3 实战——"对齐"面板的应用

在排列图形对象时，用户可以使用"对齐"面板的一些按钮，从而使图形文件排版更加整齐。

单击"窗口"｜"对齐"命令，打开"对齐"面板，如图3-79所示。

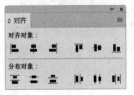

图 3-79 "对齐"面板

"对齐"面板中共有12个按钮，各按钮的含义分别如下。

◆ 水平左对齐▐：单击该按钮，选择的对象将以对象中位置最左的对象为基准，进行对齐。

◆ 水平居中对齐▐：单击该按钮，选择的对象将以对象中位置最水平居中的对象为基准，进行对齐。

◆ 水平右对齐▐：单击该按钮，选择的对象将以对象中位置最右的对象为基准，进行对齐。

◆ 垂直顶对齐▀：单击该按钮，选择的对象将以对象中位置最靠上的对象为基准，进行对齐。

◆ 垂直居中对齐▐：单击该按钮，选择的对象将以对象中位置最垂直居中的对象为基准，进行对齐。

◆ 垂直底对齐▙：单击该按钮，选择的对象将以对象中位置最靠下的对象为基准，进行对齐。

◆ 垂直顶分布▀：单击该按钮，选择的对象将保持处于最上方与最下方的对象位置不变，而将其他处于中间位置的对象进行分布调整，使它们顶部之间的垂直距离相等。

◆ 垂直居中分布▀：单击该按钮，选择的对象将保持处于最上方与最下方的位置不变，而将其他处于中间位置的对象进行分布调整，使它们中心点之间的垂直距离相等。

◆ 垂直底分布▀：单击该按钮，选择的对象将保持处于最上方与最下方的对象位置不变，而将其他处于中间位置的对象进行分布调整，使它们底部之间的垂直距离相等。

◆ 水平左分布▐▐：单击该按钮，选择的对象将保持处于最左方与最右方的对象位置不变，而将其他处于中间位置的对象进行分布调整，使它们最左边之间的水平距离相等。

◆ 水平居中分布▐▐：单击该按钮，选择的对象将保持处于最左方与最右方的对象位置不变，而将其他处于中间位置的对象进行分布调整，使它们中心点之间的水平距离相等。

◆ 水平右分布▐▐：单击该按钮，选择的对象将保持处于最左方与最右方的对象位置不变，而将其他处于中间位置的对象进行分布调整，使它们最右边之间的水平距离相等。

素材位置	素材 > 第 3 章 >3.3.3.ai
效果位置	效果 > 第 3 章 >3.3.3.ai
视频位置	视频 > 第 3 章 >3.3.3 实战——"对齐"面板的应用 .mp4

01 单击"文件" | "打开"命令，打开一幅素材图像，如图3-80所示。

图 3-80 打开素材图像

02 选择画板中的两个图形对象，如图3-81所示。

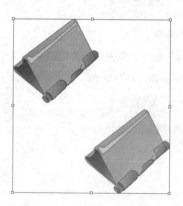

图 3-81 选择图形对象

03 单击"窗口" | "对齐"命令，打开"对齐"面板，单击"水平居中对齐"按钮▐，如图3-82所示。

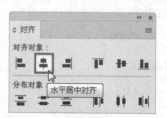

图 3-82 单击"水平居中对齐"按钮

04 执行操作后，即可设置图形的对齐方式，效果如图3-83所示。

图 3-83　设置图形的对齐方式

3.4　复制与粘贴图形

复制、剪切和粘贴等都是应用程序中最普通的命令，它们用来完成复制与粘贴任务。与其他应用程序不同的是，Illustrator还可以对图稿进行特殊的复制与粘贴，例如，粘贴在原有位置上或在所有的画板上粘贴等。

3.4.1　实战——剪切与粘贴图形对象　重点

剪切图形是图形编辑过程中经常用到的一项操作，同样也是最简单的一项操作。

用户若要剪切图形窗口中的某一图形，首先要使用选择工具在图形窗口中将其选中，然后单击"编辑"|"剪切"命令，或按【Ctrl+X】组合键，即可剪切选择的图形。剪切的图形将在图形窗口中消失，并保存在计算机内存的剪贴板中。

粘贴图形的操作方法有几种，分别如下。

◆ 方法一：单击"编辑"|"粘贴"命令，或按【Ctrl +V】组合键，即可将已经复制或剪切的图形粘贴至当前的图形窗口中。

◆ 方法二：单击"编辑"|"贴在前面"命令，或按【Ctrl + F】组合键，即可将已经复制或剪切的图形粘贴至当前图形窗口中原图形的上方。

◆ 方法三：单击"编辑"|"贴在后面"命令，或按【Ctrl + B】组合键，即可将已经复制或剪切的图形粘贴至当前图形窗口中原图形的下方（与"贴在前面"命令相反）。

素材位置	素材 > 第 3 章 >3.4.1(1).ai、3.4.1(2).ai
效果位置	效果 > 第 3 章 >3.4.1.ai
视频位置	视频 > 第 3 章 >3.4.1 实战——剪切与粘贴图形对象 .mp4

01 单击"文件"|"打开"命令，打开两幅素材图像，如图3-84、图3-85所示。

图 3-84　人物素材图像　　图 3-85　背景素材图像

02 在"3.4.1（1）"文档中选中人物素材图形，单击"编辑"|"剪切"命令，如图3-86所示，执行操作后，该文档将变成空白的文档。

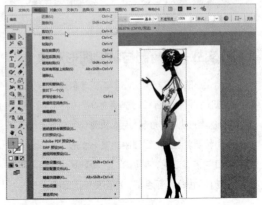

图 3-86　单击"剪切"命令

03 选择"3.4.1（2）"文档，单击"编辑" |
"粘贴"命令，如图3-87所示。

图 3-87 单击"粘贴"命令

04 执行操作后，即可将人物图形粘贴于此文档
中，如图3-88所示。

05 选中人物图形后，将鼠标指针移至人物图形右
上角的节点上，当鼠标指针呈倾斜的双向箭头形状↗
时，单击鼠标左键并向图像的左下角拖曳鼠标，至合适
位置后释放鼠标左键，调整各图形之间的位置，如图
3-89所示。

图 3-88 粘贴图形　　　图 3-89 调整后的图形效果

3.4.2 实战——复制与粘贴图形对象 重点

复制图形的概念与剪切图形的概念有点相似，因为
复制的图形也是保存在计算机内存的剪贴板上，所不同的
是，选择的图形执行"复制"后，图形仍留在图形窗口。

用户若要复制图形窗口中的某一图形，首先也要在
图形窗口中将其选中，然后单击"编辑"|"复制"命
令，或按【Ctrl+V】组合键，即可复制选择的图形。

剪切与复制操作都是将选择的图形对象保存至计算
机内存的剪贴板上，以用于粘贴操作。但执行剪切操作
的图形将在图形窗口中消失，而执行复制操作的图形仍
在图形窗口中显示。

素材位置	素材 > 第 3 章 >3.4.2.ai
效果位置	效果 > 第 3 章 >3.4.2.ai
视频位置	视频 > 第 3 章 >3.4.2 实战——复制与粘贴图形对象 .mp4

01 单击"文件" |"打开"命令，打开一幅素材图
像，如图3-90所示。

图 3-90 打开素材图像

02 在文件窗口中，选择右侧的花朵图形，如图3-91所示。

图 3-91 选择图形

03 单击"编辑" |"复制"命令，如图3-92所示。

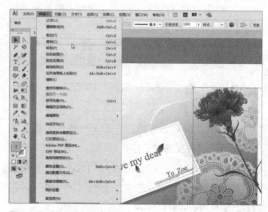

图 3-92 单击"复制"命令

04 单击"编辑"｜"粘贴"命令，即可将该图形复制并粘贴于该文档中，如图3-93所示。

图 3-93　粘贴图形

05 选中复制的图形，将鼠标指针移至图形左侧的节点上，此时鼠标指针呈双向箭头形状，如图3-94所示。

图 3-94　拖曳鼠标

06 单击鼠标左键并向右拖曳，至合适位置后释放鼠标左键，调整图形水平方向和位置；继续将鼠标指针移至图形右下角的节点附近，当鼠标指针呈 ↻ 形状时，单击鼠标左键并旋转图形，至适合角度后释放鼠标左键，调整图形旋转角度，效果如图3-95所示。

图 3-95　调整图形大小及位置

3.4.3 实战——删除图形对象

要删除对象，除了使用命令外，也可以直接按【Delete】键。下面介绍删除图形对象的操作方法。

素材位置	素材 > 第 3 章 >3.4.3.ai
效果位置	效果 > 第 3 章 >3.4.3.ai
视频位置	视频 > 第 3 章 >3.4.3 实战——删除图形对象 .mp4

01 单击"文件"｜"打开"命令，打开一幅素材图像，如图3-96所示。

图 3-96　打开素材图像

02 选取工具面板中的选择工具 ▶，在图像中选择需要删除的图形，如图3-97所示。

图 3-97　选择需要删除的图形

03 单击"编辑"｜"清除"命令，如图3-98所示。

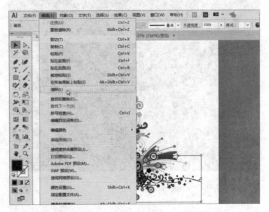

图 3-98　单击"清除"命令

04 单击该命令后，即可将所选择的图形对象删除，如图3-99所示。

图 3-99 删除后的图形

3.5 习题测试

习题1 绘制任意光晕效果

素材位置	素材 > 第 3 章 > 习题 1.ai
效果位置	效果 > 第 3 章 > 习题 1.ai
视频位置	视频 > 第 3 章 > 习题 1：绘制任意光晕效果 .mp4

本习题需要练习绘制任意光晕效果的操作，素材与效果如图3-100所示。

图 3-100 素材与效果

习题2 运用对齐点

素材位置	素材 > 第 3 章 > 习题 2.ai
效果位置	效果 > 第 3 章 > 习题 2.ai
视频位置	视频 > 第 3 章 > 习题 2：运用对齐点 .mp4

本习题需要练习运用"对齐"面板，素材与效果如图3-101所示。

图 3-101 素材与效果

习题3 将描摹对象转换为矢量图形

素材位置	素材 > 第 3 章 > 习题 3.ai
效果位置	效果 > 第 3 章 > 习题 3.ai
视频位置	视频 > 第 3 章 > 习题 3：将描摹对象转换为矢量图形 .mp4

本习题需要练习将描摹对象转换为矢量图形的操作，素材与效果如图3-102所示。

图 3-102 素材与效果

第04章

填充与描边图形上色

本章是成为Illustrator CC 2017色彩高手的必学阶段，由浅到深地讲述了图形填充颜色的方法，从基本的填充与描边上色，到高级的渐变、渐变网格上色都进行了详细的介绍，使用户可以深入了解色彩的魅力。

课堂学习目标

- 掌握填充和描边上色的操作方法
- 掌握设置对象颜色的操作方法
- 掌握渐变填充上色的操作方法
- 掌握渐变网格填充上色的操作方法

扫码观看本章
实战操作视频

4.1 运用填色和描边上色

Illustrator CC 2017作为专业的矢量绘图软件，提供了丰富的色彩功能和多样的填色工具，给图形上色带来了极大的方便。若要制作出精彩的作品，对图形进行填充是必不可少的操作。

4.1.1 实战——通过填色工具填充颜色 重点

图形的填充主要由填色和描边两个部分组成。填色是指图形中所包含的颜色和图案，而描边是指包围图形的路径线条。在Illustrator CC 2017中，用户可以直接在工具面板上设置填色和描边。

在Illustrator中，图形所填充的色彩模式主要以CMYK为主。因此，颜色参数值主要是在CMYK的数值框中进行设置。只要当前所需要填充的图形处于选中状态，设置好颜色后系统将自动将颜色填充至图形中。

素材位置	素材 > 第 4 章 >4.1.1.ai
效果位置	效果 > 第 4 章 >4.1.1.ai
视频位置	视频 > 第 4 章 >4.1.1 实战——通过填色工具填充颜色 .mp4

01 单击"文件"｜"打开"命令，打开一幅绘制好的路径素材图像，如图4-1所示。

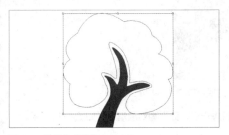

图 4-1 选择路径图像

02 使用选择工具 ▶ 选中需要填充的路径后，将鼠标指针移至工具面板中的"填色"工具图标上，选择填色图标双击鼠标左键，如图4-2所示。

图 4-2 双击鼠标左键

03 弹出"拾色器"对话框，将鼠标指针移至"选择颜色"选项区中时，单击鼠标左键，鼠标指针将呈圆形〇，拖曳鼠标至需要填充的颜色区域上（CMYK的参数值为80%、2%、100%、0%），如图4-3所示。

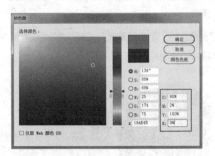

图 4-3 设置颜色

04 单击"确定"按钮，即可为路径图形填充相应的颜色，效果如图4-4所示。

图 4-4 图像效果

4.1.2 通过描边工具描边图形

在Illustrator CC中，按【X】键也可以激活"填充"和"描边"图标。当"填色"和"描边"图标中都存有颜色时，单击"互换填色和描边"按钮或按【Shift+X】组合键，即可互换填色与描边的颜色。按"默认填色和描边"按钮或按【X】键，即可将"填色"和"描边"设置为系统的默认色。

在4.1.1节效果的基础上，使用选择工具选中所绘制的图形，将鼠标指针移至"描边"图标上，单击鼠标左键即可启用"描边"工具，双击鼠标左键，弹出"拾色器"对话框，设置CMYK的参数值分别为85%、20%、100%、67%，如图4-5所示。

图 4-5 设置颜色

设置好参数之后，单击"确定"按钮，即可为图形的路径线条描边，如图4-6所示。

图 4-6 图像效果

4.1.3 实战——通过控制面板设置
填色和描边　　　　　　　重点

"颜色"面板、"色板"面板和"渐变"面板等都包含填色和描边设置选项，但最方便的还是使用工具面板和控制面板。选择对象后，如果要为它填色或描边，可通过这两个面板快速操作。

素材位置	素材 > 第 4 章 >4.1.3.ai
效果位置	效果 > 第 4 章 >4.1.3.ai
视频位置	视频 > 第 4 章 >4.1.3 实战——通过控制面板设置填色和描边 .mp4

01 单击"文件"│"打开"命令，打开一幅素材图像，如图4-7所示。

图 4-7 打开素材图像

02 使用选择工具选中需要上色的路径，如图4-8所示。

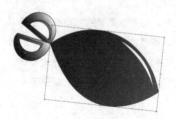

图 4-8 选择需要上色的路径

03 单击控制面板中的填色按钮，在打开的下拉面板中选择相应的填充内容，如图4-9所示。

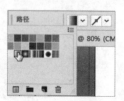

图 4-9 选择相应的填充内容

04 执行操作后，即可为对象填色，如图4-10所示。

图 4-10　填充后的图像效果

05 单击控制面板中的描边按钮，在打开的下拉面板中选择相应的描边内容，如图4-11所示。

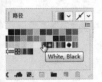

图 4-11　描边颜色设置

06 执行操作后，即可为对象描边，如图4-12所示。

图 4-12　描边后的图像效果

4.1.4　通过吸管工具吸取和填充颜色

在Illustrator CC 2017中，用户使用吸管工具可以方便地将一个对象的颜色按照另一个对象的颜色进行更新，这相当于复制图形颜色。

使用选择工具选中需要进行填充的图形，如图4-13所示。

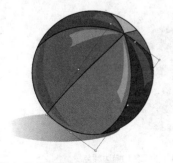

图 4-13　选择需要填充的图形

选取工具面板中的吸管工具 ，将鼠标指针移至图形窗口中需要吸取颜色的图形上，如图4-14所示。

图 4-14　使用吸管工具吸取颜色

单击鼠标左键，即可将所选择的图形填充为所吸取的颜色，如图4-15所示。

图 4-15　填充吸取的颜色

4.1.5　实战——互换填色和描边　重点

在Illustrator CC 2017中，可以直接在键盘上按【D】键快速将前景色和背景色调整到默认状态；按【X】键，可以快速切换前景色和背景色的颜色。

素材位置	素材＞第 4 章＞4.1.5.ai
效果位置	效果＞第 4 章＞4.1 5.ai
视频位置	视频＞第 4 章＞4.1.5　实战——互换填色和描边.mp4

01 单击"文件"｜"打开"命令，打开一幅素材图像，如图4-16所示。

图 4-16　打开素材图像

02 使用选择工具 选择相应的图形对象，如图4-17所示。

图 4-17 选择图形对象

03 单击工具面板中的"互换填色和描边"按钮，如图4-18所示。

图 4-18 单击相应按钮

04 执行操作后，即可互换填色和描边，效果如图4-19所示。

图 4-19 互换填色和描边

4.1.6 实战——使用默认的填色和描边

选择对象后，单击工具面板底部的"默认填色和描边"按钮，即可将填色和描边设置为默认的颜色（黑色描边、白色填充）。

素材位置	素材 > 第 4 章 >4.1.6.ai
效果位置	效果 > 第 4 章 >4.1.6.ai
视频位置	视频 > 第 4 章 >4.1.6 实战——使用默认的填色和描边 .mp4

01 单击"文件"｜"打开"命令，打开一幅素材图像，如图4-20所示。

图 4-20 打开素材图像

02 使用选择工具，在按住【Shift】键的同时选择相应的图形对象，如图4-21所示。

图 4-21 选择图形对象

03 单击工具面板底部的"默认填色和描边"按钮，如图4-22所示。

图 4-22 单击相应按钮

04 执行操作后，即可将填色和描边设置为默认的颜色，效果如图4-23所示。

图 4-23 设置为默认的填色和描边颜色

4.1.7 删除填色和描边

选择对象后，单击工具面板、"颜色"面板或"色板"面板中的"无"按钮 ☑，即可删除对象的填色和描边。

用户在操作时，首先确定需要编辑的素材图像，如图4-24所示。

其次，使用选择工具 ▶ 选择相应的图形对象，如图4-25所示。

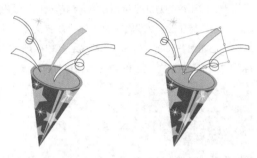

图 4-24 确定素材图像　　图 4-25 选择图形对象

最后，单击工具面板底部的"填色"按钮 ，然后单击下方的"无"按钮 ☑，删除填色；单击"描边"按钮 ，然后单击下方的"无"按钮 ☑，即可删除描边，效果如图4-26所示。

图 4-26 删除填色和描边后的效果

4.2 设置对象颜色

Illustrator提供了各种工具、面板和对话框，可以为图稿选择颜色。如果希望颜色与其他图稿中的颜色匹配，则可以使用吸管工具拾取对象的颜色，或者在"拾色器"的"颜色"面板中输入准确的颜色值。

4.2.1 通过拾色器设置颜色

双击工具面板、"颜色"面板、"渐变"面板或

"色板"面板中的填色和描边图标，都可以打开"拾色器"对话框，在其中可以选择色域和色谱、定义颜色值或通过单击色板等方式扩展填色和描边颜色。

双击工具面板底部的"填色"图标，弹出"拾色器"对话框，在色谱上单击，可以定义颜色范围，如图4-27所示。在色域中单击并拖曳鼠标，可以调整颜色的深浅，如图4-28所示。

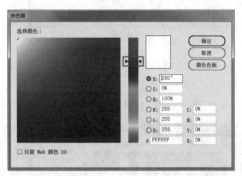

图 4-27 定义颜色范围

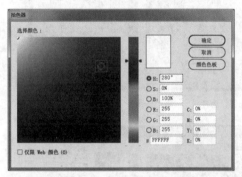

图 4-28 调整颜色的深浅

下面来调整饱和度。首先选中"S"单选按钮，如图4-29所示。此时，拖曳颜色滑块即可调整饱和度，如图4-30所示。

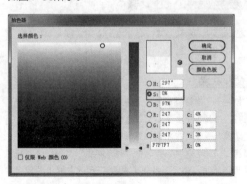

图 4-29 选中"S"单选按钮

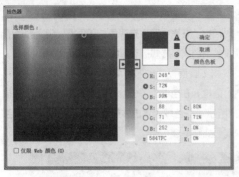

图 4-30 调整饱和度

如果要调整颜色的亮度，可以选中"B"单选按钮，如图4-31所示。再拖曳颜色滑块进行调整，即可修改亮度，如图4-32所示。

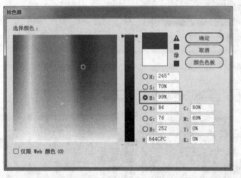

图 4-31 选中"B"单选按钮

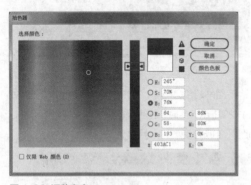

图 4-32 调整亮度

专家指点

"拾色器"对话框中有一个"颜色色板"按钮，单击该按钮，对话框中会显示颜色色板，此时在色谱上单击，定义颜色范围，在左侧的列表中可以选择颜色。如果要切换回"拾色器"，可单击"颜色模型"按钮。调整完成后，单击"确定"按钮（或按【Enter】键）关闭对话框即可。

4.2.2 实战——通过"颜色"面板设置颜色

"颜色"面板主要分为上下两个部分，除了通过在数值框中输入精确数值来设置填充颜色外，还能在面板下方的颜色色谱条中直接选取所需要的颜色，当鼠标指针移至颜色色谱条上时，鼠标指针将自动呈吸管的形状，单击鼠标左键，即可将所吸取的颜色应用于所选择的图形上。

在Illustrator CC 2017中，"颜色"面板主要采用类似于美术调色的方式来混合颜色。当前选择的颜色模式仅是改变了颜色的调整方式，不会改变文档的颜色模式。如果要改变文档的颜色模式，可以使用"文件"|"文档颜色模式"菜单中的命令来进行操作。

素材位置	素材 > 第 4 章 >4.2.2.ai
效果位置	效果 > 第 4 章 >4.2.2.ai
视频位置	视频 > 第 4 章 >4.2.2 实战——通过"颜色"面板设置颜色 .mp4

01 单击"文件"|"打开"命令，打开一幅素材图像，如图4-33所示。

02 选取工具面板中的选择工具▶，选中图像中要填充的图形，如图4-34所示。

图 4-33 打开素材图像　　图 4-34 选中图形

03 单击"窗口"|"颜色"命令，调出"颜色"面板，设置CMYK的参数值分别为0%、80%、0%、0%，如图4-35所示。

图 4-35 设置颜色参数值

04 执行操作的同时，被选择的图形将以所设置的颜色进行填充，效果如图4-36所示。

图 4-36 填充颜色

4.2.3 实战——通过"颜色参考"面板设置颜色　　进阶

在Illustrator CC 2017中，使用"拾色器"和"颜色"面板等设置颜色后，"颜色参考"面板会自动生成与之协调的颜色方案，可以作为激发颜色灵感的工具。

素材位置	素材 > 第 4 章 >4.2.3.ai
效果位置	效果 > 第 4 章 >4.2.3.ai
视频位置	视频 > 第 4 章 >4.2.3 实战——通过"颜色参考"面板设置颜色 .mp4

01 单击"文件"｜"打开"命令，打开一幅素材图像，如图4-37所示。

02 选取工具面板中的选择工具▶，选中图像中需要填充的图形，如图4-38所示。

图 4-37 打开素材图像　　图 4-38 选中需要填充的图形

03 单击"窗口"｜"颜色参考"命令，打开"颜色参考"面板，单击"将基色设置为当前颜色"按钮▣，如图4-39所示。

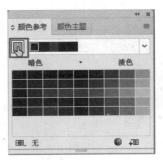

图 4-39 单击相应按钮

04 执行操作后，即可将基色设置为当前颜色，如图4-40所示。

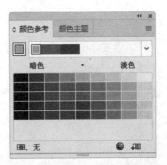

图 4-40 将基色设置为当前颜色

05 单击右上角的"协调规则"按钮⌄，在打开的下拉列表框中选择"五色组合"选项，如图4-41所示。

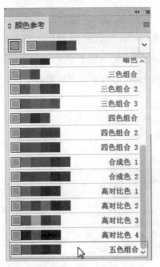

图 4-41 选择"五色组合"选项

06 单击"颜色参考"面板中的相应色板，如图4-42所示。

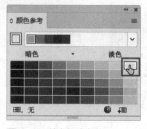

图 4-42 单击相应色板

07 执行操作后，即可将图形颜色修改为该颜色，如图4-43所示。

图 4-43 修改颜色后的效果图

4.2.4 通过"色板"面板设置颜色

在Illustrator CC 2017中，用户不仅可以使用"颜色"面板对图形进行填充和描边颜色的设置，还可以使用"色板"面板设置其颜色。默认状态下，"色板"面板中显示的是CMYK颜色模式的颜色、颜色图案和渐变颜色等。

单击"窗口"|"色板"命令，打开"色板"面板，如图4-44所示。

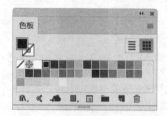

图 4-44 "色板"面板

用户在图形窗口中选择需要操作的图形对象后，直接单击"色板"面板所提供的颜色色块、渐变色块或图案色块，即可对该图形进行相应的填充。单击"色板"面板右

侧的三角形按钮，弹出面板菜单，如图4-45所示。

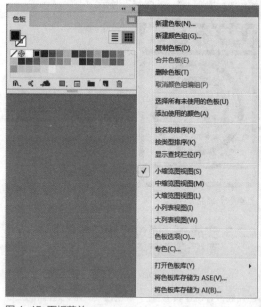

图 4-45 面板菜单

"色板"面板的底部为用户提供了8个快捷按钮，它们的作用分别如下。

◆ "'色板库'菜单"按钮 ⚏.：单击该按钮，将在"色板"面板中显示选择的颜色模式中所提供的所有色块，包括颜色色块、渐变色块和图案色块。

◆ "打开颜色主题面板"按钮 ⚌：单击该按钮，可打开"颜色主题"面板。

◆ "库面板"按钮 ☁：单击该按钮，可打开"库"面板。

◆ "'显示色板类型'菜单"按钮 ⚏：打开下拉菜单选择一个选项，可以在面板中单独显示颜色、渐变、图案或颜色组。

◆ "色板选项"按钮 ▣：单击该按钮，可以打开"色板选项"对话框。

◆ "新建颜色组"按钮 ▣：按住【Ctrl】键单击多个色板，再单击"新建颜色组"按钮 ▣，可以将它们创建到一个颜色组中。

◆ "新建色板"按钮 ◨：单击该按钮，工具面板中设置的"填色"色块的颜色，将当作色块创建在"色板"面板中。

◆ "删除色板"按钮 🗑：在"色板"面板中选择一个色块后，单击该按钮，即可将其删除。

在"色板"面板中,除了渐变色块不能对图形轮廓起作用外,面板中的其他色块均可以应用于图形的轮廓。

在"色板"面板中设置颜色时,首先选择需要上色的图形文件,如图4-46所示。

图4-46 选择需要上色的图形

在"窗口"中找到"色板"命令,调出"色板"面板,将鼠标指针移至浮动面板中需要填充的颜色色块上,如图4-47所示。

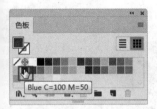

图4-47 "色板"面板

选择后单击鼠标左键,即可为所选择的图形填充相应的颜色,如图4-48所示。

图4-48 填充颜色

4.2.5 使用"色板库"设置颜色 进阶

在Illustrator CC 2017中,为方便用户创作,提供了大量色板库、渐变库和图案库。

当用户遇到喜欢的颜色时,可以通过"色板"面板菜单中的"添加使用的颜色"选项,将中意的颜色添加到"色板"面板中备用。从"色板"面板菜单中选择"添加使用的颜色"选项,即可将文档中所有的颜色都添加到"色板"面板中。

如果只想添加部分颜色,可以使用选择工具 ▶ 选择使用了这些颜色的图形,从"色板"面板菜单中选择"添加使用的颜色"选项,或单击面板中的"新建色板"按钮 ■ 即可。

用户可以单击"色板"面板底部的"'色板库'菜单"按钮 ■,菜单中包含了各种类型的色板库,如图4-49所示。

图4-49 "色板库"菜单

其中,"色标簿"下拉菜单中包含了常用的印刷专色,如图4-50所示。

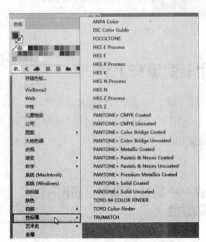

图4-50 "色标簿"下拉菜单

选择任意一个色板库后，它会出现在一个新的面板中，如图4-51所示。

单击面板底部的"加载上一色板库"按钮 ◀ 或"加载下一色板库"按钮 ▶，可以切换到相邻的色板库中，如图4-52所示。

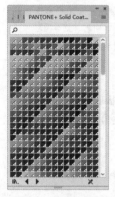
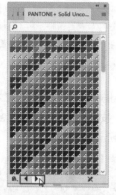

图 4-51 打开色板库　　图 4-52 切换到相邻的色板库

单击色板库中的一个色板（包括图案和渐变）时，它会自动添加到"色板"面板中，如图4-53所示。

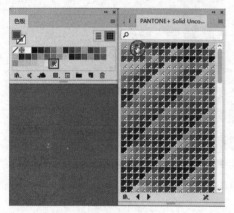

图 4-53 添加到"色板"面板

4.3 使用渐变填充上色

渐变可以在对象中创建平滑的颜色过渡效果。在Illustrator CC 2017中，提供了大量预设的渐变库，还允许用户将自定义的渐变存储为色板中，以便应用于其他对象。

4.3.1 实战——通过"渐变"面板填充颜色　　进阶

在Illustrator CC 2017中，创建渐变填充的方法有两种，一种是使用渐变工具；另一种是使用"渐变"面板。

素材位置	素材 > 第 4 章 >4.3.1.ai
效果位置	效果 > 第 4 章 >4.3.1.ai
视频位置	视频 > 第 4 章 >4.3.1 实战——通过"渐变"面板填充颜色 .mp4

01 单击"文件"｜"打开"命令，打开一幅素材图像，如图4-54所示。

图 4-54 打开素材图像

02 选取工具面板中的选择工具 ▶，选择相应图形，如图4-55所示。

图 4-55 选中需要编辑的图形

03 单击"窗口"｜"渐变"命令，调出"渐变"面板，单击"类型"右侧的按钮 ∨，在弹出的下拉列表中选择"线性"选项，如图4-56所示。

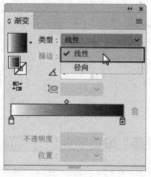

图 4-56 选择"线性"选项

04 双击下方渐变条右侧的渐变滑块，在弹出的调色调板中设置CMYK的参数值分别为100%、0%、0%、0%，即可改变所双击的渐变滑块中的颜色，如图4-57所示。

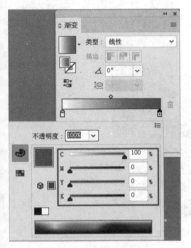

图 4-57 调整渐变滑块颜色

05 执行操作后，图形将以所设置的渐变进行填充，如图4-58所示。

图 4-58 填充渐变

4.3.2 实战——通过渐变工具填充颜色

选取了渐变工具后，在图像窗口中单击鼠标右键后，在图像任意位置单击鼠标左键，确认渐变工具在图像中的定位点，再拖曳鼠标至任何位置，则渐变工具的长度和方向也会随鼠标指针的移动而改变，图形所填充的渐变效果也会有所不同。

另外，在Illustrator CC 2017工具面板的下方有一个"渐变"填充按钮，如图4-59所示。单击该"渐变"按钮后，其上方左上角的颜色方框表示当前的渐变色，右下角的空心方框表示为描边色。

图 4-59 "渐变"填充按钮

素材位置	素材 > 第 4 章 > 4.3.2.ai
效果位置	效果 > 第 4 章 > 4.3.2.ai
视频位置	视频 > 第 4 章 > 4.3.2 实战——通过渐变工具填充颜色 .mp4

01 单击"文件"｜"打开"命令，打开一幅素材图像，如图4-60所示。

图 4-60 打开素材图像

02 选取工具面板中的矩形工具▢，在图像窗口中绘制一个与素材图形一样大小的矩形；选中工具面板中的渐变工具▢，在矩形图形上单击鼠标左键，矩形图形将以系统默认的渐变色进行填充，且图形上显示渐变工具，将鼠标指针移至右侧的渐变滑块上，如图4-61所示。

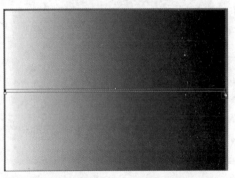

图 4-61 移动鼠标指针

03 双击鼠标左键，弹出调整颜色的浮动面板，如图4-62所示。

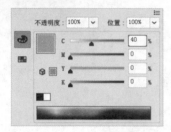

图 4-62 弹出调色浮动面板

04 单击"颜色"图标 🎨，设置颜色为淡蓝色（CMYK参数值为40%、0%、0%、0%），矩形图形的渐变填充色也随之改变，填充效果如图4-63所示。

图 4-63 填充效果

05 在图形上单击鼠标右键，在弹出的快捷菜单中选择"排列"|"置于底层"选项，即可调整渐变图形的位置并显示整幅图像的效果，如图4-64所示。

图 4-64 图像效果

专家指点

在 Illustrator CC 2017 中，选择渐变对象后，使用渐变工具 🔲 在画板中单击并拖曳鼠标，可以更加灵活地调整渐变的位置和方向。

4.3.3 实战——渐变颜色的编辑

线性渐变是渐变颜色条最左侧的颜色为渐变色的起始颜色，最右侧的颜色为终止颜色。径向渐变是最左侧的渐变滑块定义颜色填充的中心点，它呈现辐射状向外

逐渐过渡到最右侧的渐变滑块颜色。

素材位置	素材 > 第 4 章 >4.3.3.ai
效果位置	效果 > 第 4 章 >4.3.3.ai
视频位置	视频 > 第 4 章 >4.3.3 实战——渐变颜色的编辑.mp4

01 单击"文件"|"打开"命令，打开一幅素材图像，如图4-65所示。

图 4-65 打开素材图像

02 选取工具面板中的选择工具 ▶，选择相应的图形对象，如图4-66所示。

图 4-66 选择素材图像

03 打开"渐变"面板，显示图形使用的渐变色，单击右侧的渐变滑块将其选择，如图4-67所示。

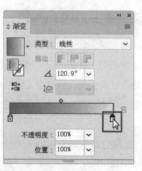

图 4-67 选择渐变滑块

04 拖曳"颜色"面板中的滑块可以调整渐变颜色

如图4-68和图4-69所示。

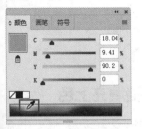

图 4-68　拖曳"颜色"面板中的滑块

图 4-69　调整渐变颜色

05 执行操作后，即可改变图像的渐变颜色效果，如图4-70所示。

图 4-70　图像效果

专家指点

在 Illustrator CC 2017 中，用户设置渐变颜色时，可以进行以下相关操作。

● 按住【Alt】键单击"色板"面板中的一个色板，可以将该色板应用到所选滑块上。

● 如果要增加渐变颜色的数量，那么可以在渐变色条下单击，添加新的滑块。

● 如果要减少颜色数量，那么可以单击一个滑块，然后单击"删除色标"按钮 🗑。

● 如果交换滑块的位置，那么可以按住【Alt】键拖曳一个滑块到另一个滑块上。

4.3.4　实战——径向渐变的调整

若图形的渐变填充类型为"径向"渐变，使用工具面板中的渐变工具可以设置渐变中心点的位置，对渐变色进行调整。

素材位置	素材 > 第 4 章 >4.3.4.ai
效果位置	效果 > 第 4 章 >4.3.4.ai
视频位置	视频 > 第 4 章 >4.3.4 实战——径向渐变的调整 .mp4

01 单击"文件"｜"打开"命令，打开一幅素材图像，如图4-71所示。

专家指点

ai 格式是 Illustrator CC 2017 软件存储时的源文件格式，在该源文件上双击鼠标左键，或单击鼠标右键，选择"打开"选项，都可以快速打开 Illustrator CC 2017 应用软件。

图 4-71　打开素材图像

02 使用选择工具 ▶ 选择相应的图形对象，如图4-72所示。

图 4-72　选中图形对象

03 选择渐变工具 ▣，图形上会显示渐变批注者，如图4-73所示。

图 4-73 显示渐变批注者

04 左侧的圆形图标是渐变的原点，拖曳它可以水平移动渐变，拖曳圆形图标左侧的空心圆，可同时调整渐变的原点和方向，如图4-74所示。

图 4-74 调整渐变的原点和方向

05 将鼠标指针放在虚线圆环的相应图标上，单击并向上拖曳，可以调整渐变半径，生成椭圆渐变，如图4-75所示。

图 4-75 定位鼠标指针生成椭圆渐变

专家指点

执行"视图"菜单中的"显示渐变批注者"或"隐藏渐变批注者"命令，可以显示或隐藏渐变批注者。

在图像中，将渐变滑块拖曳到图形外侧，可将其删除。

4.4 使用渐变网格填充上色

渐变网格是一种特殊的渐变填色功能，通过网格点可以精确控制渐变颜色的范围和混合位置，具有灵活度高和可控性强等特点。

在Illustrator CC 2017中，网格工具是一个比较特殊的填充工具，它能将贝塞尔曲线、网格和渐变填充等功能优势综合地结合起来。使用网格工具所创建的颜色，其颜色过渡看上去更加自然平滑。

4.4.1 实战——使用网格工具创建渐变网格 `进阶`

用户使用网格工具可以在一个网格对象内创建多个渐变点，从而对图形进行多个方向和多种颜色的渐变填充。

素材位置	素材 > 第 4 章 >4.4.1.ai
效果位置	效果 > 第 4 章 >4.4.1.ai
视频位置	视频 > 第 4 章 >4.4.1 实战——使用网格工具创建渐变网格 .mp4

01 单击"文件"｜"打开"命令，打开一幅素材图像，如图4-76所示。

02 选取工具面板中的网格工具 ，将鼠标指针移至所绘制图形的合适位置，鼠标指针将呈 形状，如图4-77所示。

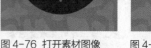

图 4-76 打开素材图像　　图 4-77 定位鼠标光针

03 单击鼠标左键，即可在该图形上创建一个网格锚点，再单击鼠标左键，即可选中该网格点，如图4-78所示。

图 4-78　创建网格锚点并单击

04 双击填色工具，在"拾色器"对话框中将颜色设置为淡蓝色（CMYK的参数值为60%、16%、0%、0%），如图4-79所示。

图 4-79　设置参数值

05 单击"确定"按钮，网格点附近的颜色随之改变，如图4-80所示。

图 4-80　图像效果

4.4.2　实战——使用命令创建渐变网格

在图像窗口中选择一个图形（或导入的位图图像），单击"对象"|"创建渐变网格"命令，弹出"创建渐变网格"对话框，如图4-81所示。

图 4-81　"创建渐变网格"对话框

"创建渐变网格"对话框中的主要选项含义如下。

◆ "行数"和"列数"选项：这两个选项主要用于设置创建网格对象中网格单元的行数和列数。

◆ 外观：其右侧的选项中有3种外观显示，表示创建渐变网格后图形高光区域的位置。其中，"平淡色"选项表示对象的初始颜色均匀地填充于表面，不产生高光效果；"至中心"选项表示产生的高光效果位于对象的中心；"至边缘"选项表示产生的高光效果位于对象的边缘。用户选择不同的选项所产生的效果也各不同。

素材位置	素材 > 第 4 章 >4.4.2.ai
效果位置	效果 > 第 4 章 >4.4.2.ai
视频位置	视频 > 第 4 章 >4.4.2　实战——使用命令创建渐变网格 .mp4

01 单击"文件"|"打开"命令，打开一幅素材图像，如图4-82所示。

图 4-82　打开素材图像

02 使用选择工具 ▶ 选择相应的图形对象，如图4-83所示。

图 4-83　选择图形对象

03 单击"对象"|"创建渐变网格"命令，弹出"创建渐变网格"对话框，设置"外观"为"至中心"，如图4-84所示。

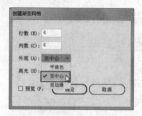

图 4-84 设置"外观"选项

04 单击"确定"按钮，即可创建渐变网格，效果如图4-85所示。

图 4-85 创建渐变网格

4.5 习题测试

习题1 使用实时上色工具填充图形

素材位置	素材 > 第 4 章 > 习题 1.ai
效果位置	效果 > 第 4 章 > 习题 1.ai
视频位置	视频 > 第 4 章 > 习题 1：使用实时上色工具填充图形 .mp4

本习题需要练习使用实时上色工具填充图形的操作，素材与效果如图4-86所示。

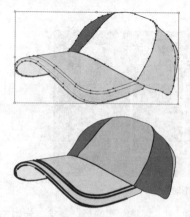

图 4-86 素材与效果

习题2 使用实时上色选择工具填充图形

素材位置	素材 > 第 4 章 > 习题 2.ai
效果位置	效果 > 第 4 章 > 习题 2.ai
视频位置	视频 > 第 4 章 > 习题 2：使用实时上色选择工具填充图形 .mp4

本习题需要练习使用实时上色选择工具填充图形的操作，素材与效果如图4-87所示。

图 4-87 素材与效果

习题3 为图形边缘上色

素材位置	素材 > 第 4 章 > 习题 3.ai
效果位置	效果 > 第 4 章 > 习题 3.ai
视频位置	视频 > 第 4 章 > 习题 3：为图形边缘上色 .mp4

本习题需要练习为图形边缘上色的操作，素材与效果如图4-88所示。

图 4-88 素材与效果

第**05**章 绘制与编辑锚点路径

想要玩转Illustrator CC 2017，首先要学好钢笔工具，因为它是Illustrator 中最强大、最重要的绘图工具。灵活、熟练地使用路径与钢笔工具，是每一个Illustrator用户必须掌握的基本技能。

课堂学习目标

- 掌握自由绘图工具绘制图形的操作方法
- 掌握编辑与调整描点的操作方法
- 掌握钢笔工具精确绘制路径的操作方法
- 掌握编辑与剪裁对象路径的操作方法

5.1 通过自由绘图工具绘制图形

用户使用工具面板中的自由画笔工具可以在图形窗口中很方便地绘制出各种自由形状的图形。在Illustrator CC 2017中，自由画笔工具包括铅笔工具✐、平滑工具✐和路径橡皮擦工具✐。

5.1.1 实战——使用铅笔工具绘制路径图形 重点

用户在作图或绘画时，铅笔是一种必不可少的工具，人们使用铅笔勾勒出图形的轮廓，建立图形的底稿。在Illustrator CC 2017中，也存在铅笔工具✐，用户使用铅笔工具可以绘制任意形状的路径，并且局限于固定的几个基本图形。

素材位置	素材 > 第 5 章 >5.1.1.ai
效果位置	效果 > 第 5 章 >5.1.1.ai
视频位置	视频 > 第 5 章 >5.1.1 实战——使用铅笔工具绘制路径图形 .mp4

01 单击"文件"｜"打开"命令，打开一幅素材图像，如图5-1所示。

图 5-1 打开素材图像

专家指点

在使用钢笔工具绘制图形的过程中，若鼠标移动的速度过快，软件就会忽略某些线条的方向或锚点；若在某一处停留的时间较长，则此处将插入一个锚点。

02 选取铅笔工具✐，在控制面板上设置"填色"为"无"，"描边"为黑色，"描边粗细"为2pt，如图5-2所示。

图 5-2 设置工具属性

03 将鼠标指针移至图像窗口中，单击鼠标左键并拖曳，即可完成所需绘制的路径或图形，如图5-3所示。

图 5-3 绘制路径或图形

04 用与前面几步同样的方法，使用铅笔工具为图像绘制其他的图形，效果如图5-4所示。

图 5-4 绘制其他图形

5.1.2 实战——使用平滑工具修饰绘制的路径

平滑工具 ✏ 是一种路径修饰工具，用户使用它可以对绘制的路径进行平滑处理，并尽可能保持路径的原有形状。

用户若想使用平滑工具修饰绘制的路径，首先要使用工具面板中的选择工具选择需要修饰的路径，然后选取工具面板中的平滑工具，在选择的路径中需要平滑的位置的外侧单击鼠标左键并由外向内拖曳鼠标，拖曳完成后释放鼠标，可对绘制的路径进行平滑处理。

素材位置	素材＞第 5 章＞5.1.2.ai
效果位置	效果＞第 5 章＞5.1.2.ai
视频位置	视频＞第 5 章＞5.1.2 实战——使用平滑工具修饰绘制的路径 .mp4

01 单击"文件"｜"打开"命令，打开一幅素材图像，选中图像中需要修饰的图形路径，如图5-5所示。

图 5-5 打开素材图像

02 在平滑工具 ✏ 图标上双击鼠标左键，弹出"平滑工具选项"对话框，在其中设置"保真度"为"平滑"，如图5-6所示。

图 5-6 "平滑工具选项"对话框

03 单击"确定"按钮，将鼠标指针移至需要修饰的路径的锚点上，单击鼠标左键并拖曳至另一个锚点上，如图5-7所示。

图 5-7 拖曳鼠标

04 释放鼠标后，即可对两个锚点之间的路径进行平滑处理，中间的锚点自动消失，如图5-8所示。

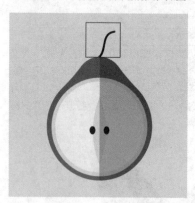

图 5-8 效果图像

5.1.3 实战——使用路径橡皮擦工具修饰图形 **重点**

路径橡皮擦工具 ✏ 也是一种修饰工具，用户使用它可以擦除绘制的路径的全部或部分曲线。

路径橡皮擦工具的操作方法非常简单，用户只需在工具面板中选取该工具后，在图形窗口中在所要擦除的路径处单击鼠标左键并拖曳，以进行擦除，操作完成后释放鼠标，即可将鼠标指针所经过的区域的路径曲线部分擦除。

素材位置	素材 > 第 5 章 >5.1.3.ai
效果位置	效果 > 第 5 章 >5.1.3.ai
视频位置	视频 > 第 5 章 >5.1.3 实战——使用路径橡皮擦工具修饰图形 .mp4

01 单击"文件"｜"打开"命令，打开一幅素材图像，如图5-9所示。

图 5-9 打开素材图像

02 使用选择工具选中需要修饰的图形路径，如图5-10所示。

图 5-10 选择需要修饰图形

03 选取工具面板中的路径橡皮擦工具 ✐ ，将鼠标指针移至需要修饰的图形路径上，单击鼠标左键并轻轻拖曳鼠标，即可擦除鼠标所经过的区域，如图5-11所示。

图 5-11 擦除图形

04 用与前面几步同样的方法，擦除其他需要修饰的图形路径，效果如图5-12所示。

图 5-12 图像效果

专家指点

使用橡皮擦工具的过程中，由于所修饰的图形大小或范围不同，橡皮擦的大小也应该随之改变，若按【[】键可以减小橡皮擦的直径；若按【]】键可以增大橡皮擦的直径。

5.2 运用钢笔工具精确绘制路径

路径在Illustrator CC 2017中的定义是使用绘图工具绘制的任何线条或形状。一条直线、一个矩形和一幅图的轮廓都是典型的路径。路径可以由一条或多条线段组成，每条线段的端点叫作锚点。使用工具面板中的钢笔工具可以绘制出各种形状的直线和平滑曲线，下面将进行详细介绍。

5.2.1 通过钢笔工具绘制直线路径 **重点**

钢笔工具是绘制路径的主要工具，用户使用它可以很方便地在图形窗口中绘制所需的各种路径，然后形成各种各样的图形。

先确定需要绘制的素材图像，如图5-13所示。

图 5-13 确定素材图像

选取工具面板中的钢笔工具 ✐，在控制面板上设置"填色"为"白色"，"描边"为白色，"描边粗细"为3pt，如图5-14所示。

图 5-14 设置钢笔工具属性

移动鼠标指针至图形窗口，单击鼠标左键，确认起始点，移动鼠标指针至另一位置处，单击鼠标左键，确定第二点，即可绘制一条白色直线，如图5-15所示。

图 5-15 绘制直线路径

用与前面同样的方法，为图像绘制出其他的直线路径，如图5-16所示。

图 5-16 绘制直线路径

专家指点

使用钢笔工具绘制路径的过程中，若按住【Shift】键，所绘制的路径为水平、垂直，或以45°角递增的直线段。

5.2.2 实战——通过钢笔工具绘制曲线路径

比直线更复杂的是曲线。曲线由锚点和曲线段组成，每一个被选中的处于编辑状态的锚点，将显示一条或两条指向方向点的控制柄。

素材位置	素材 > 第 5 章 >5.2.2.ai
效果位置	效果 > 第 5 章 >5.2.2.ai
视频位置	视频 > 第 5 章 >5.2.2 实战——通过钢笔工具绘制曲线路径 .mp4

01 单击"文件"｜"打开"命令，打开一幅素材图像，如图5-17所示。

图 5-17 打开素材图像

02 选取工具面板中的钢笔工具 ✐，在控制面板上设置"填色"为"无"，"描边"为绿色（CMYK参考值为100%、0%、100%、0%），"描边粗细"为10pt，如图5-18所示。

图 5-18 设置钢笔工具属性

03 将鼠标指针移至图像窗口的合适位置，单击鼠标左键确定起始点，拖曳鼠标至合适位置后释放鼠标，即可绘制一截弯曲的路径，如图5-19所示。

图 5-19 绘制曲线路径

04 按照上一个步骤的操作方法，即可为花朵绘制一条自然的花茎，如图5-20所示。

图 5-20 图像效果

专家指点

钢笔工具所绘制的曲线由锚点和曲线段组成，当路径处于编辑状态时，路径的锚点将显示为实心小方块，其他的锚点则为空心小方块，若锚点被选中，将会有一条或两条指向方向点的控制柄。另外，在使用钢笔工具绘制曲线时，鼠标拖曳的距离与节点距离越远，则曲线的弯曲程度就越大。

5.2.3 通过钢笔工具绘制转角曲线 进阶

转角曲线是与上一段曲线之间出现转折的曲线。绘制这样的曲线时，需要在创建新的锚点前改变方向线的方向。

首先选取工具面板中的钢笔工具 ✒️，绘制一段曲线，如图5-21所示。

图 5-21 绘制曲线

将鼠标指针放在方向点上，单击并按住【Alt】键向相反方向拖曳，如图5-22所示，这样的操作是通过拆分方向线的方式将平滑点转换成角点，此时方向线的长度决定了下一条曲线的斜度。

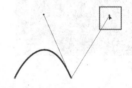

图 5-22 拖曳鼠标

放开【Alt】键和鼠标按键，在其他位置单击并拖曳鼠标创建一个新的平滑点，即可绘制出转角曲线，如图5-23所示。

图 5-23 转角曲线

5.2.4 实战——通过钢笔工具绘制闭合路径

使用钢笔工具绘制的闭合路径，可以是直线或曲线。在曲线中，控制柄和方向点决定了曲线的走向，而方向点的方向即是曲线的切线方向，控制柄的长度则决定了曲线在该方向的深度，移动方向点，即可改变下一条曲线的方向和长度，从而改变曲线的形状。

素材位置	素材 > 第 5 章 > 5.2.4.ai
效果位置	效果 > 第 5 章 > 5.2.4.ai
视频位置	视频 > 第 5 章 > 5.2.4 实战——通过钢笔工具绘制闭合路径 .mp4

01 单击"文件"｜"打开"命令，打开一幅素材图像，如图5-24所示。

图 5-24 打开素材图像

02 选取工具面板中的钢笔工具 ✎ ，在控制面板上设置"填色"为"无"，"描边"为白色，"描边粗细"为2pt。将鼠标指针移至图像窗口的合适位置，单击鼠标左键确定起始点，将鼠标指针移至另一个合适的位置，单击鼠标左键并拖曳，至合适位置后释放鼠标，如图5-25所示。

图 5-25 移动锚点

03 将鼠标指针移至锚点上，选择其中一侧的控制柄和方向点，按住【Alt】键的同时单击鼠标左键，将锚点移至起始点上，释放鼠标，即可绘制一个闭合的路径，如图5-26所示。

图 5-26 绘制闭合路径

04 使用选择工具选中所绘制的闭合路径，在控制面板上设置"填色"为白色，"透明度"为50%，再调整图形与图像之间的位置，如图5-27所示。

图 5-27 图像效果

专家指点

> 另外，在绘制完成一条直线段后，单击一下钢笔工具图标，再绘制第二线直线段，否则，第二条直线段的第一个节点将与第一条直线段的第二个节点同为一个节点。

5.3 编辑与调整锚点

绘制路径后，可以随时通过编辑锚点来改变路径的形状，使绘制的图形更加准确。

5.3.1 实战——使用直接选择工具选择锚点和路径

在修改路径形状或编辑路径之前，首先应该选择路径上的锚点或路径段。使用直接选择工具，可以从群组的路径对象中直接选择其中任意一个组合对象的路径，并且还可以单独选择该路径的某一锚点。

素材位置	素材 > 第 5 章 >5.3.1.ai
效果位置	效果 > 第 5 章 >5.3.1.ai
视频位置	视频 > 第 5 章 >5.3.1 实战——使用直接选择工具选择锚点和路径 .mp4

01 单击"文件"｜"打开"命令，打开一幅素材图像，如图5-28所示。

图 5-28 打开素材图像

02 使用直接选择工具 ▷ 选择锚点，且鼠标指针变为 ▷ 状，如图5-29所示。

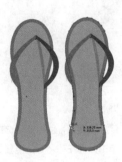

图 5-29 选择锚点

03 单击相应锚点并拖曳鼠标，即可移动锚点，如图5-30所示。

图 5-30 移动锚点

04 将直接选择工具 ▷ 放在路径上，单击鼠标左键，即可选取当前路径段，如图5-31所示。

图 5-31 选择路径

05 使用直接选择工具 ▷ ，按住【Alt】键拖曳鼠标可以复制路径段所在的图形，如图5-32所示。

图 5-32 复制并移动路径

5.3.2 使用套索工具选择锚点和路径

在 Illustrator CC 2017中，用户除了可以使用上述所讲的选择工具选择路径外，还可以使用套索工具 ❀ 选择路径和锚点。

01 确定需要编辑的素材图像，如图5-33所示。

图 5-33 确定素材图像

02 选取工具面板中的套索工具 ，在所要选择的路径对象外侧单击鼠标左键以确定起点，然后由外向内拖曳鼠标，以圈出所要选择的路径对象的部分区域，如图5-34所示。

图 5-34 圈出所要选择的路径对象的部分区域

03 释放鼠标后，将选择相应路径对象，如图5-35所示。

图 5-35 选中路径

5.3.3 添加和删除锚点

添加锚点可以方便用户更好地控制路径的形状，并且还可以协助其他编辑工具调整路径。锚点的两个方向点就像一个杠杆，用户可使用它们对路径进行调整。

通过删除锚点的操作，可以帮助用户改变路径的形状，从而删除路径中不必要的锚点，以减少路径的复杂程度。

用户使用工具面板中的钢笔工具绘制路径时，也可以进行锚点的添加与删除操作。移动鼠标指针至要添加或删除锚点的位置，此时鼠标指针呈添加锚点形状 或删除锚点形状 ，用户只需单击鼠标左键即可添加或删除锚点。

01 确定需要编辑的素材图像，如图5-36所示。

图 5-36 确定素材图像

02 使用钢笔工具 选中需要编辑的图形路径，选中工具面板中的添加锚点工具 ，将鼠标指针移至选中的图形路径的合适位置，单击鼠标左键，即可添加锚点，如图5-37所示。

图 5-37 选择图形添加锚点

03 依次在合适的位置添加锚点，使用直接选择工具，在需要编辑的锚点上单击鼠标左键，并拖曳鼠标至合适位置使图形更和谐，如图5-38所示。

图 5-38 添加路径并移至合适的位置

04 选中工具面板中的删除锚点工具 ，在不需要的锚点上单击鼠标左键，即可删除该锚点，图形路径的效果如图5-39所示。

图 5-39　删除选中的锚点

05 用与前面几步同样的方法，删除不必要的锚点，如图5-40所示。

图 5-40　删除其他不必要的锚点

06 使用直接选择工具 ▷ 选中锚点，将锚点调整至合适的位置，最终的图像效果如图5-41所示。

图 5-41　图像效果

5.4　编辑与裁剪对象路径

选择路径后，可以通过相关命令对其进行偏移、平滑和简化等处理，也可以裁剪或删除路径。

5.4.1　实战——偏移对象路径　【重点】

偏移路径可以使用户更快、更便捷地绘制出自己想要的图形对象。

找到"窗口"菜单中"对象"窗口，选择"路径"中的"偏移路径"命令，弹出"偏移路径"对话框，如图5-42所示，可以对路径进行偏移处理。

图 5-42　"偏移路径"对话框

"偏移路径"对话框中主要选项的含义如下。

◆ 位移：主要用于设置新路径的位移，若输入的数值为正值，则所创建的路径将向外偏移；若输入的为负值，则所创建的新路径将向内偏移。

◆ 连接：单击"连接"右侧的下拉按钮，将弹出下拉列表框，其中包括"斜接"、"圆角"和"斜角"3个选项，选择不同的选项，所创建的路径拐角状态也会不同。

素材位置	素材 > 第 5 章 >5.4.1.ai
效果位置	效果 > 第 5 章 >5.4.1.ai
视频位置	视频 > 第 5 章 >5.4.1 实战——偏移对象路径 .mp4

01 单击"文件"｜"打开"命令，打开一幅素材图像，如图5-43所示。

图 5-43　打开素材图像

02 选取工具面板中的星形工具 ☆，在控制面板上设置"填色"为紫色（CMYK的参数值为24%、72%、0%、0%），在图像窗口单击鼠标左键，弹出"星形"对话框，在其中设置"半径1"为5mm，"半径2"为15mm，"角点数"为6，单击"确定"按钮，绘制一个指定大小的星形图形，如图5-44所示。

图 5-44 绘制星形

03 选中星形图形，单击"对象"|"路径"|"偏移路径"命令，弹出"偏移路径"对话框，在其中设置"位移"为6mm，"连接"为圆角，如图5-45所示。

图 5-45 "偏移路径"对话框

04 单击"确定"按钮，即可对星形图形进行路径偏移，效果如图5-46所示。

图 5-46 偏移效果

05 使用选择工具 ▶ 将图形移动到图像窗口中的合适位置，并适当地调整图形的大小与角度，如图5-47所示。

图 5-47 移动与调整图形

06 选取工具面板中的椭圆工具 ◯，在所绘制的图形中央绘制一个白色的圆形，效果如图5-48所示。

图 5-48 图像效果

5.4.2 实战——平滑对象路径   重点

平滑工具 ✐ 是一种路径修饰工具，用户可使用它对绘制的路径进行平滑处理，并尽可能保持路径的原有形状。

素材位置	素材 > 第 5 章 >5.4.2.ai
效果位置	效果 > 第 5 章 >5.4.2.ai
视频位置	视频 > 第 5 章 >5.4.2 实战——平滑对象路径 .mp4

01 单击"文件"|"打开"命令，打开一幅素材图像，如图5-49所示。

02 选取工具面板中的选择工具，选中图像中所要修饰的图形路径，如图5-50所示。

图 5-49　打开素材图像　　图 5-50　选中需要编辑的图形路径

03 在平滑工具 ✐ 图标上双击鼠标左键，弹出"平滑工具选项"对话框，设置"保真度"为"平滑"，如图5-51所示。

04 单击"确定"按钮，将鼠标指针移至需要修饰路径的锚点上，单击鼠标左键并拖曳至另一个锚点上，如图5-52所示。

图 5-51　"平滑工具选项"　　图 5-52　拖曳鼠标
对话框

05 释放鼠标后，即可对两个锚点之间的路径进行平滑处理，如图5-53所示。

06 用与前面几步同样的方法，对其他图形路径进行平滑处理，即可完成对图像的修饰，效果如图5-54所示。

图 5-53　平滑后的效果　　图 5-54　图像效果

5.4.3 实战——简化对象路径　重点

简化路径就是对路径上的锚点进行简化，并调整多余的锚点，而路径的形状是不会改变的。图5-55所示为"简化"对话框。

图 5-55　"简化"对话框

"简化"对话框中各主要选项含义如下。

◆ "曲线精度"选项：主要用来设置简化后的图形与原图形的相似程度，数值越大，简化后的图形锚点就越多，与原图越相似。

◆ "角度阈值"选项：主要用来设置拐角的平滑度，数值越大，路径平滑的程度越大。

◆ "直线"复选框：选中该复选框后，图形中的曲线路径全部被忽略，以直线显示。

素材位置	素材 > 第 5 章 > 5.4.3.ai
效果位置	效果 > 第 5 章 > 5.4.3.ai
视频位置	视频 > 第 5 章 > 5.4.3 实战——简化对象路径 .mp4

01 单击"文件"｜"打开"命令，打开一幅素材图像，选中需要编辑的图形对象，如图5-56所示。

图 5-56　选中需要编辑的图形对象

02 单击"对象"｜"路径"｜"简化"命令，弹出"简化"对话框，在"简化路径"选项区中设置"曲线精度"为0%，"角度阈值"为0°，如图5-57所示。

03 单击"确定"按钮，即可将图形路径进行简化，效果如图5-58所示。

图 5-57 设置相应参数　　图 5-58 简化后的效果

5.4.4 实战——清理对象路径

在创建路径、编辑对象或输入文字的过程中，如果操作不当，会在画板中留下多余的游离点和路径，使用"清理"命令可以清除这些游离点、未着色的对象和空的文本路径。

素材位置	素材 > 第 5 章 >5.4.4.ai
效果位置	效果 > 第 5 章 >5.4.4.ai
视频位置	视频 > 第 5 章 >5.4.4　实战——清理对象路径 .mp4

01 单击"文件"｜"打开"命令，打开一幅素材图像，如图5-59所示。

02 选择画板中的全部对象，可以看到明显的游离点，如图5-60所示。

图 5-59 打开素材　　图 5-60 选择画板中的全部对象

03 单击"对象"｜"路径"｜"清理"命令，弹出"清理"对话框，选中"游离点"复选框，如图5-61所示。

04 单击"确定"按钮，即可清除画板中的多余游离点，效果如图5-62所示。

图 5-61 "清理"对话框　　图 5-62 图像效果

5.4.5 实战——使用剪刀工具裁剪路径

使用剪刀工具可以将一个开放路径对象分割成多个开放路径对象，也可以将闭合路径对象分割成多个开放路径对象。

素材位置	素材 > 第 5 章 >5.4.5.ai
效果位置	效果 > 第 5 章 >5.4.5.ai
视频位置	视频 > 第 5 章 >5.4.5　实战——使用剪刀工具裁剪路径 .mp4

01 单击"文件"｜"打开"命令，打开一幅素材图像，如图5-63所示。

图 5-63 打开素材图像

02 使用选择工具选中需要修饰的图形路径，如图5-64所示。

图 5-64 选择图形路径

03 选取工具面板中的剪刀工具 ✂️，将鼠标指针移至需要修饰的图形路径上，单击鼠标左键，即可剪切路径，如图5-65所示。

图 5-65　剪切路径

04 用直接选择工具选择并移动分割处的锚点，可以看到分割效果，如图5-66所示。

图 5-66　分割效果

5.4.6　实战——使用刻刀工具裁剪对象路径

使用刻刀工具 🔪 可以裁剪图形。如果是开放式的路径，裁切后会成为闭合式路径。使用刻刀工具裁剪填充了渐变颜色的对象时，如果渐变的角度为0°，则每裁切一次，Illustrator就会自动调整渐变角度，使之始终保持0°，因此，裁切后对象的颜色会发生变化。

素材位置	素材 > 第 5 章 >5.4.6.ai
效果位置	效果 > 第 5 章 >5.4.6.ai
视频位置	视频 > 第 5 章 >5.4.6　实战——使用刻刀工具裁剪对象路径 .mp4

01 单击"文件"｜"打开"命令，打开一幅素材图像，如图5-67所示。

图 5-67　打开素材图像

02 选择刻刀工具 ✏️，在栅栏上单击并拖曳鼠标，划出裁切线，如图5-68所示。

图 5-68　划出裁切线

03 执行操作后，即可裁剪栅栏图形，如图5-69所示。

图 5-69　裁剪栅栏图

04 取消选择，可以看到图形的渐变色发生了变化，效果如图5-70所示。

图 5-70　图像效果

5.5 习题测试

习题1 将颜色转换为灰度

素材位置	素材 > 第 5 章 > 习题 1.ai
效果位置	效果 > 第 5 章 > 习题 1.ai
视频位置	视频 > 第 5 章 > 习题 1：将颜色转换为灰度 .mp4

　　本习题需要练习将颜色转换为灰度的操作，素材与效果如图5-71所示。

图 5-71 素材与效果

习题2 在实时上色组中添加路径

素材位置	素材 > 第 5 章 > 习题 2.ai
效果位置	效果 > 第 5 章 > 习题 2.ai
视频位置	视频 > 第 5 章 > 习题 2：在实时上色组中添加路径 .mp4

　　本习题需要练习在实时上色组中添加路径的操作，素材与效果如图5-72所示。

图 5-72 素材与效果

习题3 扩展实时上色组

素材位置	素材 > 第 5 章 > 习题 3.ai
效果位置	效果 > 第 5 章 > 习题 3.ai
视频位置	视频 > 第 5 章 > 习题 3：扩展实时上色组 .mp4

　　本习题需要练习扩展实时上色组的操作，素材与效果如图5-73所示。

图 5-73 素材与效果

第06章

应用画笔、图案与符号

画笔工具和"画笔"面板是Illustrator中可以实现绘画效果的主要工具。

图案在服装设计、包装和插画中的应用比较多，使用"图案选项"面板可以创建和编辑图案，即使是复杂的无缝拼贴图案，也能轻松制作出来。

符号工具可以方便、快捷地生成很多相似的图形实例，也是应用比较广泛的工具之一。

课堂学习目标

- 掌握画笔工具的操作方法
- 掌握画笔库的操作方法
- 掌握图案的操作方法
- 掌握符号工具的操作方法

扫码观看本章
实战操作视频

6.1 应用画笔工具

Illustrator CC 2017中的画笔工具是一个非常奇妙的工具。用户使用该工具，可以实现模拟画家所用的不同形状的笔刷，在指定的路径周围均匀地分布指定的图案等功能，从而使用户能够充分展示自己的艺术构思，表达自己的艺术思想。

6.1.1 实战——应用画笔绘制图形 【重点】

在"画笔"面板中，系统为用户提供了散点画笔、书法效果、图案画笔和毛刷画笔等画笔笔触，用户通过组合使用这几种画笔笔触可以得到千变万化的图形效果。

选择画笔工具 ✐ ，在"画笔"面板中选择一种画笔，单击并拖曳鼠标可绘制线条并对路径应用画笔描边。

素材位置	素材 > 第6章 > 6.1.1.ai
效果位置	效果 > 第6章 > 6.1.1.ai
视频位置	视频 > 第6章 > 6.1.1 实战——应用画笔绘制图形.mp4

01 单击"文件"｜"打开"命令，打开一幅素材图像，如图6-1所示。

图 6-1 打开素材图像

02 使用画笔工具 ✐ ，在控制面板中设置"描边粗细"为2pt，如图6-2所示。

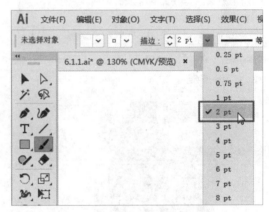

图 6-2 设置"描边粗细"

03 打开"画笔"面板，选择相应的画笔类型，如图6-3所示。

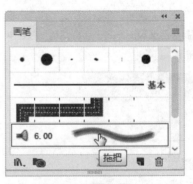

图 6-3 选择相应的画笔类型

04 使用画笔工具绘制图形，效果如图6-4所示。

图 6-4 绘制图形

6.1.2 实战——创建新的画笔

使用工具面板中的画笔工具可以创建不同笔触的路径效果，如使用画笔工具可以创建书法画笔、散点画笔、艺术画笔和图案画笔。

素材位置	素材＞第6章＞6.1.2.ai
效果位置	效果＞第6章＞6.1.2.ai
视频位置	视频＞第6章＞6.1.2 实战——创建新的画笔.mp4

01 单击"文件"｜"打开"命令，打开一幅素材图像，如图6-5所示。

图 6-5 打开素材图像

02 单击"窗口"｜"画笔"命令，调出"画笔"面板，将鼠标指针移至面板下方的"新建画笔"按钮上，如图6-6所示。

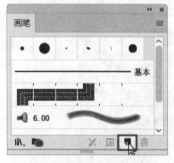

图 6-6 选择"新建画笔"按钮

03 单击鼠标左键，弹出"新建画笔"对话框，选中"书法画笔"单选按钮，如图6-7所示。

图 6-7 "新建画笔"对话框

04 单击"确定"按钮，弹出"书法画笔选项"对话框，设置"名称"为"书法画笔1"，"角度"为60°，"圆度"为60%，"大小"为10pt，在"画笔形状编辑器"中可以预览设置的书法画笔笔触样式，如图6-8所示。

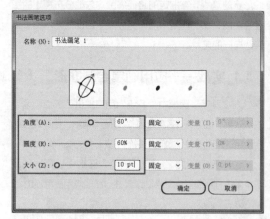

图 6-8 设置选项

05 单击"确定"按钮，即可将创建的"书法画笔1"的画笔笔触添加于"画笔"面板中，将鼠标指针移至"书法画笔1"画笔笔触上，如图6-9所示，单击鼠标左键即可选中该画笔笔触。

图 6-9 添加画笔笔触

06 选取工具面板中的画笔工具 ✐，在控制面板上设置"填色"为"无"，"描边"为黄色（＃DD722A），"描边粗细"为5pt，单击鼠标左键，即可将该画笔笔触应用于图像窗口中，根据图像的需要应用画笔笔触，绘制图像效果，如图6-10所示。

图 6-10 图像效果

6.1.3 实战——编辑画笔工具

Illustrator提供的预设画笔及用户自定义的画笔都可以进行修改，包括缩放、替换和更新图形，重新定义画笔图形，以及将画笔从对象中删除等。

素材位置	素材 > 第 6 章 >6.1 3.ai
效果位置	效果 > 第 6 章 >6.1.3.ai
视频位置	视频 > 第 6 章 >6.1.3 实战——编辑画笔工具 .mp4

01 单击"文件"｜"打开"命令，打开一幅素材图像，如图6-11所示。

图 6-11 打开素材图像

02 使用选择工具 ▶ 选择添加了画笔描边的对象，如图6-12所示。

图 6-12 选择画笔描边对象

03 双击比例缩放工具，弹出"比例缩放"对话框，选中"比例缩放描边和效果"复选框，设置"等比"为80%，如图6-13所示。

图 6-13 设置相应选项

04 单击"确定"按钮，可以同时缩放对象和画笔描边，如图6-14所示。

图 6-14 同时缩放对象和画笔描边

05 单击"画笔"面板中的"所选对象的选项"按钮 ▤，弹出"描边选项（图案画笔）"对话框，设置"缩放"为300%，如图6-15所示。

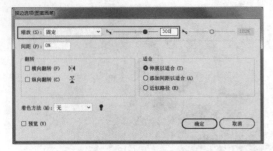

图 6-15 "描边选项（图案画笔）"对话框

06 单击"确定"按钮，即可将画笔描边放大，效果如图6-16所示。

图 6-16 图像效果

6.1.4 实战——添加画笔描边 重点

画笔描边可以应用于任何绘图工具或形状工具创建的线条，如钢笔工具和铅笔工具绘制的路径，矩形和弧形等工具创建的图形。

素材位置	素材＞第6章＞6.1 4.ai
效果位置	效果＞第6章＞6.1.4.ai
视频位置	视频＞第6章＞6.1.4 实战——添加画笔描边 .mp4

01 单击"文件" | "打开"命令，打开一幅素材图像，如图6-17所示。

图 6-17 打开素材图像

02 使用选择工具 ▶ 选择相应的图形对象，如图6-18所示。

图 6-18 选择图形对象

03 设置"描边"为黑色，打开"画笔"面板，选择"铁丝网"画笔，如图6-19所示。

图 6-19 选择画笔

04 执行操作后，即可添加画笔描边，效果如图6-20所示。

图 6-20 添加画笔描边

6.2 使用画笔库

画笔库是Illustrator提供的一组预设画笔。单击"画笔"面板中的"'画笔库'菜单"按钮 ▥. ，或执行"窗口" | "画笔库"命令，在打开的下拉菜单中可以选择画笔库。

6.2.1 实战——使用"Wacom 6D 画笔" 进阶

Wacom 6D 画笔归属于散点画笔，当用户选择了相应的画笔笔触后，可以在"画笔"面板中双击该画笔笔触，将会弹出"散点画笔选项"对话框，用户可以在对话框中进行相应的参数设置。

素材位置	素材＞第 6 章＞6.2.1.ai
效果位置	效果＞第 6 章＞6.2.1.ai
视频位置	视频＞第 6 章＞6.2.1 实战——使用"Wacom 6D 画笔".mp4

01 单击"文件"｜"打开"命令，打开一幅素材图像，如图6-21所示。

图 6-21 打开素材图像

02 单击"画笔"面板右上角的☰按钮，在弹出的菜单列表框中选择"打开画笔库"｜"Wacom 6D 画笔"｜"6d艺术钢笔画笔"选项，弹出"6d艺术钢笔画笔"浮动面板，将鼠标指针移至"6d 散点画笔1"画笔笔触上，单击鼠标左键，如图6-22所示。

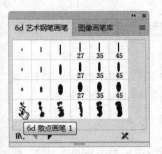

图 6-22 选择画笔笔触

03 执行操作后，该画笔笔触即可添加至"画笔"面板中，选中所添加的"6d 散点画笔1"画笔笔触，如图6-23所示。

图 6-23 添加画笔笔触

04 选取工具面板中的画笔工具✐，在控制面板上设置"填色"为"无"，"描边"为白色，"描边粗细"为2pt，"不透明度"为90%，如图6-24所示。

图 6-24 设置画笔笔触

05 将鼠标指针移至图像窗口中的合适位置，单击鼠标左键，即可将该项画笔笔触应用于图像窗口中，如图6-25所示。

图 6-25 应用画笔笔触

06 用与前面几步同样的方法，根据图像的需要合理地应用画笔笔触，即可制作出更加美观的图像效果，如图6-26所示。

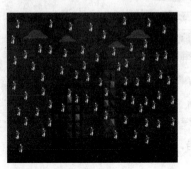

图 6-26 图像效果

6.2.2 实战——使用"矢量包"画笔

在"矢量包"选项的子菜单中除了"手绘画笔矢量包"选项外，还有"颓废画笔矢量包"选项，前者的效果类似于铅笔笔触，而后者的效果类似于毛笔笔触，它们都归属于艺术画笔类。因此，在该类型画笔上双击鼠标，将弹出"艺术画笔选项"对话框。

素材位置	素材 > 第 6 章 >6.2 2.ai
效果位置	效果 > 第 6 章 >6.2.2.ai
视频位置	视频 > 第 6 章 >6.2.2 实战——使用"矢量包"画笔 .mp4

01 单击"文件"｜"打开"命令，打开一幅素材图像，如图6-27所示。

图 6-27 打开素材图像

02 单击"画笔"面板右上角的≡按钮，在弹出的菜单列表框中选择"打开画笔库"｜"矢量包"｜"手绘画笔矢量包"选项，即可弹出"手绘画笔矢量包"浮动面板，将鼠标指针移至"手绘画笔矢量包05"画笔笔触上，单击鼠标左键，如图6-28所示。

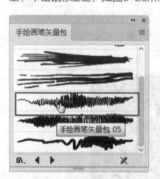

图 6-28 选择画笔笔触

03 执行操作后，该画笔笔触即可添加至"画笔"面板

中，选中所添加的手绘画笔矢量包，如图6-29所示。

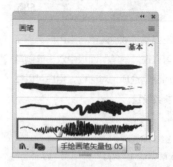

图 6-29 添加画笔笔触

04 选取工具面板中的画笔工具 ，在控制面板上设置"填色"为"无"，"描边"为黄色（CMYK的参数值为0%、0%、100%、0%），"描边粗细"为2pt。将鼠标移至图像窗口中的合适位置，绘制一条开放路径，释放鼠标，即可将该画笔笔触应用于图像窗口中，如图6-30所示。

图 6-30 图像效果

6.2.3 实战——使用"箭头"画笔 重点

"箭头"艺术效果提供了3种箭头类型，包括图案箭头、标准箭头和特殊箭头。其中，图案箭头属于图案画笔，而标准箭头和特殊箭头都属于艺术画笔。

素材位置	素材 > 第 6 章 >6.2.3.ai
效果位置	效果 > 第 6 章 >6.2.3.ai
视频位置	视频 > 第 6 章 >6.2.3 实战——使用"箭头"画笔 .mp4

01 单击"文件"｜"打开"命令，打开一幅素材图像，如图6-31所示。

图 6-31 打开素材图像

02 单击"画笔"面板右上角的 ≡ 按钮，在菜单列表框中选择"打开画笔库"｜"箭头"｜"图案箭头"选项，即可弹出"图案箭头"浮动面板，将鼠标指针移至名为"花形箭头画笔"的画笔笔触上，单击鼠标左键，如图6-32所示。

03 执行操作后，该画笔笔触即可添加至"画笔"面板中，单击鼠标左键，如图6-33所示。

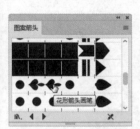
图 6-32 选择画笔笔触

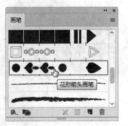
图 6-33 添加画笔笔触

04 使用选择工具选中一条开放路径，在"画笔"面板中单击"花形箭头画笔"图标，即可将该画笔笔触应用于开放路径上，如图6-34所示。

图 6-34 应用画笔笔触

05 在控制面板上设置"填色"为"无"，"描边"为

白色，"描边粗细"为4pt，即可为该画笔笔触制作出相应的效果，如图6-35所示。

图 6-35 设置画笔笔触效果

06 用与前面几步同样的方法，为图像中的其他开放路径设置相应的效果，即可制作出精美的台灯效果，如图6-36所示。

图 6-36 图像效果

6.2.4 实战——使用"艺术效果"画笔 重点

"艺术画笔"的子菜单中包含了4种画笔种类，分别是书法效果、卷轴笔效果、水彩效果、油墨效果、画笔效果和粉笔炭笔效果。其中，书法效果中的画笔笔触与书法画笔中的画笔笔触相似，而水彩效果和油墨效果则适用于水墨画等具有古韵味的图像中。

素材位置	素材 > 第 6 章 >6.2.4.ai
效果位置	效果 > 第 6 章 >6.2.4.ai
视频位置	视频 > 第 6 章 >6.2.4 实战——使用"艺术效果"画笔 .mp4

01 单击"文件"｜"打开"命令，打开一幅素材图像，如图6-37所示。

图 6-37 打开素材图像

02 单击"画笔"面板右上角的 ☰ 按钮，在菜单列表框中选择"打开画笔库"|"艺术效果"|"艺术效果_卷轴笔"选项，即可弹出"艺术效果_卷轴笔"浮动面板，将鼠标指针移至"卷轴笔8"画笔笔触上，单击鼠标左键，如图6-38所示。

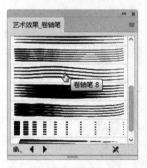

图 6-38 选择画笔笔触

03 执行操作后，该画笔笔触即可添加至"画笔"浮动面板中，选中所添加的"卷轴笔8"画笔笔触，如图6-39所示。

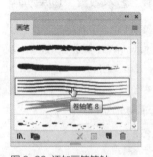

图 6-39 添加画笔笔触

04 选取工具面板中的画笔工具 ✎，在控制面板上设置"填色"为"无"，"描边"为土黄色（CMYK的参数值为40%、50%、60%、0%），"描边粗细"为

1pt。将鼠标指针移至图像窗口中的合适位置，单击鼠标左键并拖曳，绘制一条开放路径，释放鼠标后，即可将该画笔笔触应用于图像窗口中，如图6-40所示。

图 6-40 应用画笔笔触

05 用与前面几步同样的方法，根据图像的需要合理地应用画笔笔触，制作出更加美观的图像效果，如图6-41所示。

图 6-41 图像效果

6.2.5 实战——使用"装饰"画笔

在应用"装饰"画笔中的各种画笔笔触时，需要结合图像及画笔的属性，对画笔的选项进行相应的设置。在图像中绘制路径时，一定要根据图像走向绘制路径，且需注意路径的长短、平滑度等，才能为制作出较好的图像效果。

素材位置	素材 > 第 6 章 >6.2.5.ai
效果位置	效果 > 第 6 章 >6.2.5.ai
视频位置	视频 > 第 6 章 >6.2.5 实战——使用"装饰"画笔 .mp4

01 单击"文件"|"打开"命令，打开一幅素材图像，如图6-42所示。

图 6-42　打开素材图像

02 单击"画笔"面板右上角的≡按钮，在菜单列表框中选择"打开画笔库"|"装饰"|"装饰_文本分隔线"选项，即可弹出"装饰_文本分隔线"浮动面板，将鼠标指针移至"文本分隔线13"画笔笔触上，单击鼠标左键，如图6-43所示。

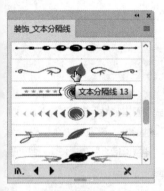

图 6-43　选择画笔笔触

03 执行操作后，该画笔笔触即可添加至"画笔"面板中，在"文本分隔线13"画笔笔触上双击鼠标左键，如图6-44所示。

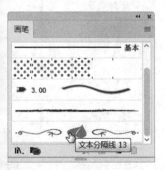

图 6-44　添加画笔笔触

04 执行操作后，弹出"艺术画笔选项"对话框，设置"方法"为"淡色"，其他选项保持默认设置，如图6-45所示。

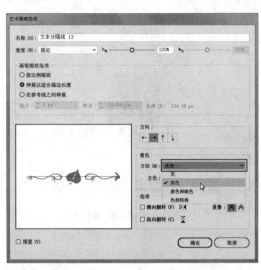

图 6-45　设置选项

05 单击"确定"按钮，选取工具面板中的画笔工具 ✐，在控制面板上设置"填色"为"无"，"描边"为黑色，"描边粗细"为2pt。将鼠标指针移至图像窗口中的合适位置，单击鼠标左键并拖曳，绘制一条开放路径，释放鼠标后，即可将该画笔笔触应用于图像窗口中，如图6-46所示。

图 6-46　应用画笔笔触

06 用与前面几步同样的方法，根据图像的需要合理地应用画笔笔触，制作出更加美观的图像效果，如图6-47所示。

图 6-47 图像效果

6.2.6 实战——使用"边框"画笔

用户若对系统自带的画笔图案不满意，可以对所选择的画笔进行适当修饰。在"边框"画笔中，大部分的边框图案都会自动填充边线拼贴、外角拼贴，若需要填充其他位置的拼贴，则需要在相应的对话框中进行设置。

素材位置	素材 > 第 6 章 >6.2.6.ai
效果位置	效果 > 第 6 章 >6.2.6.ai
视频位置	视频 > 第 6 章 >6.2.6 实战——使用"边框"画笔 .mp4

01 单击"文件"｜"打开"命令，打开一幅素材图像，如图6-48所示。

图 6-48 打开素材图像

02 单击"画笔"面板右上角的 ☰ 按钮，在菜单列表框中选择"打开画笔库"｜"边框"｜"边框原始"选项，即可弹出"边框_原始"浮动面板，将鼠标指针移至"波利尼西亚式"画笔笔触上，单击鼠标左键，如图6-49所示。

图 6-49 选择画笔笔触

03 执行操作后，该画笔笔触即可添加至"画笔"面板中，如图6-50所示。

图 6-50 添加画笔笔触

04 在"波利尼西亚式"画笔笔触上双击鼠标左键，弹出"图案画笔选项"对话框，设置"内角拼贴"为Honeycomb，选中"伸展以适合"单选按钮，其他选项保持默认设置，如图6-51所示。

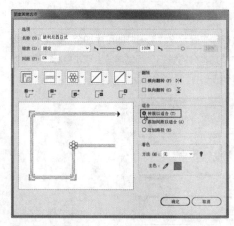

图 6-51 设置选项

05 单击"确定"按钮，显示于"画板"中的"波利尼西亚式"画笔笔触样式按照重新设置的选项进行了显示，如图6-52所示。

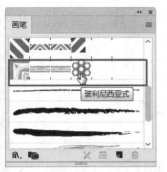

图 6-52　"波利尼西亚式"画笔笔触

06 使用选择工具选中需要填充画笔笔触的图形，再在"画笔"面板中单击"波利尼西亚式"图标，即可将该画笔笔触应用于所选择的图形路径上；在控制面板上设置"描边粗细"为0.25pt，即可为该画笔笔触制作出相应的图像效果，如图6-53所示。

图 6-53　图像效果

6.3 运用图案功能

图案可用于填充图形内部，也可进行描边。在Illustrator CC 2017中创建的任何图形，以及位图图像等都可以定义为图案。用作图案的基本图形可以使用渐变、混合和蒙版等效果。此外，Illustrator CC 2017还提供了大量的预设图案，可以直接使用。

6.3.1 创建无缝拼贴图案　进阶

使用"图案选项"面板可以创建和编辑图案，即使是复杂的无缝拼贴图案，也能轻松制作出来。

首先，用户确认需要编辑的素材图像，如图6-54所示。

图 6-54　确认需要编辑的素材图像

在窗口界面中按下【Ctrl+A】组合键，全选图形，单击"对象"|"图案"|"建立"命令，弹出"图案选项"面板，设置"宽度"为30mm，"高度"为25mm，如图6-55所示。

图 6-55　"图案选项"面板

执行操作后，即可创建多种图案效果，如图6-56所示。

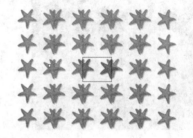

图 6-56　图案效果

同时，图案将保存到"色板"面板中，如图6-57所示。

图 6-57 "色板"面板

6.3.2 将图形的局部定义为图案 【重点】

使用矩形工具配合"色板"面板,可以将图形的局部定义为图案。

确认需要编辑的素材图像,使用矩形工具绘制一个矩形,无填色、无描边,如图6-58所示。

图 6-58 打开素材绘制矩形

在窗口中找到"对象"菜单,找到"排列"中的"置为底层"命令,将矩形调整到最底层,按【Ctrl+A】组合键,全选图形,如图6-59所示。

图 6-59 全选图形

使用选择工具将选中的图形拖曳至"色板"面板中,即可创建为图案,如图6-60所示。

图 6-60 创建图案

6.3.3 变换图案操作

为对象填充图案后,使用选择工具、旋转工具和比例缩放工具等进行变换操作时,图案会与对象一同变换。

使用选择工具 ▶ 选择图案填充对象,如图6-61所示。

图 6-61 选择打开的素材图像

双击旋转工具 ↻,弹出"旋转"对话框,只选中"变换图案"复选框,设置"角度"为90°,如图6-62所示。

图 6-62 "旋转"对话框

单击"确定"按钮,即可单独变换图案,效果如图6-63所示。

图 6-63　图像效果

6.3.4　修改图案操作

双击"色板"面板中的一个图案，可以打开"图案选项"面板，对图案进行修改。

首先，用户确认需要编辑的素材图像，如图6-64所示。

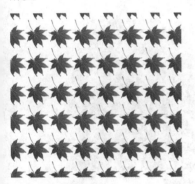

图 6-64　确认素材图像

选择"色板"面板中的相应图案色板，如图6-65所示。

图 6-65　选择图案色板

单击"对象"|"图案"|"编辑图案"命令，弹出"图案选项"面板，设置"份数"为3×3，如图6-66所示。

图 6-66　"图案选项"面板

执行操作后，即可改变画板中的图案填充效果，如图6-67所示，单击标题栏中的"完成"按钮，完成操作。

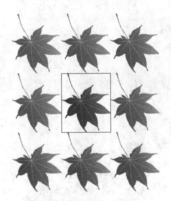

图 6-67　图像效果

6.4　运用符号工具

在Illustrator CC 2017中，符号是指保存在"符号"面板中的图形对象，而这些图形对象可以在当前的图形窗口中可以被多次运用，不会增加文件的大小。

6.4.1　新建符号　　　　　重点

符号用于表现文档中大量重复的对象，如花草、纹样和地图上的标记等，使用符号可以简化复杂对象的制作和编辑过程。

设置符号的最初目的是减少文件大小，而Illustrator CC 2017为它增加了新的创造性工具，从而使符号变成了极具诱惑力的设计工具，不仅能在图像窗口中被多次使用，创建出自然、疏密有致的集合体，而且不会增加文件的负担。

若用户的文档是新建的，调出的"符号"面板中只会显示"红色箭头"的符号图标；若打开一幅素材图像，也并不是所有的"符号"面板中都会有符号的显示。

首先，用户需要在工作界面中确定需要编辑的素材图像，如图6-68所示。

图6-68 确定编辑素材图像

单击"窗口"｜"符号"命令，调出"符号"面板，使用选择工具将图像中的所有图形全部选中，单击面板下方的"新建符号"按钮，如图6-69所示。

图6-69 单击"新建符号"按钮

弹出"符号选项"对话框，设置"名称"为"望远镜"，"导出类型"为"图形"，如图6-70所示。

图6-70 设置选项

单击"确定"按钮，即可完成新建符号的操作，所选择的图形也显示于"符号"面板中，如图6-71所示。

图6-71 新建符号

6.4.2 运用符号库

在Illustrator CC 2017中，除了默认的"符号"面板中所提供的有限符号外，还提供了丰富的符号库以供加载。

用户先确定需要编辑的素材图像，如图6-72所示。

图6-72 确定素材图像

选择"符号"面板右上角的≡按钮，在弹出的菜单列表框中选择"打开符号库"｜"3D符号"选项，即可弹出"3D符号"浮动面板，将鼠标指针移至"太阳"符号图标上，单击鼠标左键，如图6-73所示。

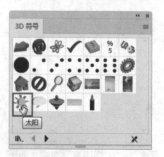

图6-73 选中符号

执行操作后，该符号图标即可添加至"符号"面板中，选中所添加的符号，单击面板下方的"置入符号实例"按钮 ↵，如图6-74所示。

图 6-74 单击"置入符号实例"按钮

执行操作后，即可将该符号置入图像窗口中，调整符号的位置与大小，如图6-75所示。

图 6-75 调整符号

单击符号面板下方的"断开符号链接"按钮 ∞，再在控制面板上设置符号的"填色"为红色（CMYK的参数值为0%、93%、95%、0%），即可应用符号库，效果如图6-76所示。

图 6-76 设置颜色

6.4.3 实战——运用符号工具　　进阶

用户可以使用工具面板中的符号喷枪工具在图形窗口中喷射大量无顺序排列的符号图形，也可以在工具面板中选择不同的符号编辑工具对喷射的符号进行编辑。

素材位置	素材 > 第 6 章 >6.4.3.ai
效果位置	效果 > 第 6 章 >6.4.3.ai
视频位置	视频 > 第 6 章 >6.4.3　实战——运用符号工具 .mp4

01 单击"文件"｜"打开"命令，打开一幅素材图像，如图6-77所示。

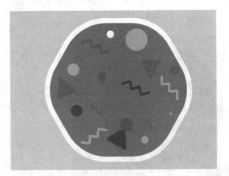

图 6-77 打开素材图像

02 打开"符号"面板，选择"草地1"符号图标；将鼠标指针移至工具面板中的符号喷枪工具图标 ⬚ 上，双击鼠标左键，弹出"符号工具选项"对话框，设置"直径"为3.5cm，"强度"为5，"符号组密度"为5，单击"符号喷枪"按钮 ⬚，并在其下方的选项区中设置所有的参数为"平均"，如图6-78所示。

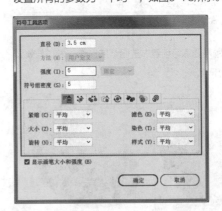

图 6-78 设置选项

03 单击"确定"按钮，将鼠标指针移至图像窗口中合适的位置，单击鼠标左键，即可喷射出一个符号图形，如图6-79所示。

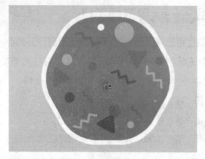

图 6-79 喷射一个符号

04 用与前面步骤相同的方法，为图像喷射多个合适的符号图形，如图6-80所示。

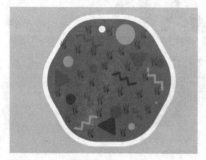

图 6-80 图像效果

6.5 习题测试

习题1 创建书法画笔

素材位置	素材＞第 6 章＞习题 1.ai
效果位置	效果＞第 6 章＞习题 1.ai
视频位置	视频＞第 6 章＞习题 1：创建书法画笔 .mp4

　　本习题需要练习创建书法画笔的操作，素材与效果如图6-81所示。

图 6-81 素材与效果

习题2 缩放画笔描边

素材位置	素材＞第 6 章＞习题 2.ai
效果位置	效果＞第 6 章＞习题 2.ai
视频位置	视频＞第 6 章＞习题 2：缩放画笔描边 .mp4

　　本习题需要练习缩放画笔描边的操作，素材与效果如图6-82所示。

图 6-82 素材与效果

习题3 修改画笔参数

素材位置	素材＞第 6 章＞习题 3.ai
效果位置	效果＞第 6 章＞习题 3.ai
视频位置	视频＞第 6 章＞习题 3：修改画笔参数 .mp4

　　本习题需要练习修改画笔参数的操作，素材与效果如图6-83所示。

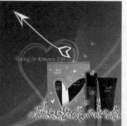

图 6-83 素材与效果

核心攻略篇

第**07**章

变形与扭曲图形对象

在Illustrator CC 2017中，除了对图形进行选择、移动、编组等基本操作外，还可以运用命令、工具或混合对象等操作对图形进行变换或变形，从而使作品具有多样化和灵活性的特征。本章主要介绍变形与扭曲图形对象的操作方法。

课堂学习目标

- 掌握变换图形对象的操作方法
- 掌握封套扭曲对象的操作方法
- 掌握扭曲对象的操作方法
- 掌握混合对象的操作方法

扫 码 观 看 本 章
实 战 操 作 视 频

7.1 变换图形对象

在Illustrator CC 2017中，对图形进行变换操作的方法有如下3种。

◆ 第1种是使用工具面板中的相关变换工具进行变换操作；

◆ 第2种是通过单击"对象"|"变换"命令的子菜单命令进行相关的变换操作；

◆ 第三种是使用"变换"面板中的各选项进行相关的变换操作。

7.1.1 实战——使用"变换"面板 重点

用户在Illustrator CC中，通过使用"变换"面板可以实现对图形的精确旋转、缩放和倾斜等变换操作。

素材位置	素材 > 第 7 章 >7.1.1.ai
效果位置	效果 > 第 7 章 >7.1.1.ai
视频位置	视频 > 第 7 章 >7.1.1 实战——使用"变换"面板.mp4

01 单击"文件" | "打开"命令，打开一幅素材图像，选中需要变换的图形，如图7-1所示。

图 7-1 打开素材图像

02 单击"窗口" | "变换"命令，调出"变换"面板，单击 △（旋转）数值框，在框中输入-45°，如图7-2所示。

图 7-2 设置参数值

03 执行操作的同时，图形的旋转角度也随之改变，如图7-3所示。

图 7-3 旋转图形

04 选中图形，在面板中设置"X"为180mm，"Y"为100mm，"宽"为100mm，"高"为100mm，如图7-4所示。

图 7-4 设置参数值

05 执行操作的同时，图形的位置和大小也随之进行了变换，如图7-5所示。

图 7-5 变换图形

专家指点

使用"变换"面板，可以对选择的图形进行移动、缩放、旋转和倾斜，其中 ◢（旋转）和 ✎（倾斜）数值框较为特殊，当用户选择或输入数值后，所选择的图形随之变换，但该数值框中的数值立即恢复为0。若要恢复图形的变换，则输入与之前输入的数值相反的数值，或按【Ctrl + Z】组合键等进行还原操作即可。

7.1.2 实战——使用自由变换工具

自由变换工具 主要是通过控制图形的节点，从而可以对图形进行多种变换操作，如移动、旋转、缩放、倾斜、镜像和透视等变换操作。

素材位置	素材＞第 7 章＞7.1.2.ai
效果位置	效果＞第 7 章＞7.1.2.ai
视频位置	视频＞第 7 章＞7.1.2 实战——使用自由变换工具.mp4

01 单击"文件"｜"打开"命令，打开一幅素材图像，选中需要变换的图形，如图7-6所示。

图 7-6 打开素材图像

02 选取工具面板中的自由变换工具 ，将鼠标指针移至右上角的节点附近，此时鼠标指针呈 形状时，单击鼠标左键并拖曳，即可旋转该图形，至合适位置后释放鼠标，效果如图7-7所示。

图 7-7 旋转图形

03 将鼠标指针移至图形正上方的节点上，当鼠标指针呈 形状时，单击鼠标左键并向下拖曳，至合适位置后释放鼠标，即可改变图形形状，如图7-8所示。

图 7-8 改变图形形状

04 再次将鼠标指针移至图形右侧的节点上，当鼠标指针呈 形状时，单击鼠标左键并向左拖曳，至合适位置后释放鼠标，即可对图形进行镜像操作，如图7-9所示。

图 7-9 镜像图形

7.1.3 实战——使用"分别变换"命令

选中需要变换的图形,单击"对象"|"变换"|"分别变换"命令,弹出"分别变换"对话框,如图7-10所示。

图 7-10 "分别变换"对话框

"分别变换"对话框中的主要选项的含义如下。

◆ "缩放"选项区:主要用来设置所选择的图形在水平和垂直方向上的缩放比例,通过在数值框中输入数值,或直接拖曳滑块,即可设置缩放比例。

◆ "移动"选项区:主要用来设置所选择的图形在水平和垂直方向上的移动距离,通过在数值框中输入数值,或直接拖曳滑块,即可设置移动距离。

◆ "旋转"选项区:主要用来设置所选择的图形旋转的角度,通过在数值框中输入数值,或直接拖曳角度指针,即可设置旋转角度。

◆ "对称X"复选框:选中此复选框,所选择的图形将以x轴为镜像轴。

◆ "对称Y"复选框:选中此复选框,所选择的图形将以y轴为镜像轴。

◆ "参考点"按钮▦:单击相应的角点,所选择的图形将以选中的角点为参考原点进行图形的变换。

◆ "随机"复选框:选中此复选框,可以使选择的图形进行随机镜像,且每次所产生的镜像效果都会不同。

◆ "预览"复选框:选中此复选框,可以在图像窗口中预览变换后的图形效果。

◆ "复制"按钮:完成参数值的设置后,单击此按钮,可以复制所选择的图形并使之变换。

素材位置	素材 > 第 7 章 >7.1.3.ai
效果位置	效果 > 第 7 章 >7.1.3.ai
视频位置	视频 > 第 7 章 >7.1.3 实战——使用"分别变换"命令 .mp4

01 单击"文件"|"打开"命令,打开一幅素材图像,如图7-11所示。

图 7-11 打开素材图像

02 选中需要变换的图形,单击"对象"|"变换"|"分别变换"命令,弹出"分别变换"对话框,在"缩放"选项区中设置"水平"为90%,"垂直"为90%;在"移动"选项区中设置"水平"为2pt,"垂直"为10pt;在"旋转"选项区中设置"角度"为20°;在对话框左下角设置"参考点"▦为"右下角",如图7-12所示。

图 7-12 设置选项

03 单击"复制"按钮，所选择的图形即可按照设置的参数进行复制并变换，效果如图7-13所示。

图 7-13 复制并变换图形

7.1.4 实战——再次变换图形对象

进行移动、缩放、旋转、镜像和倾斜操作后，保持对象的选取状态，执行"再次变换"命令，可以重复前一个变换。在需要对同一变换操作重复数次，或复制对象时，该命令特别有用。

素材位置	素材 > 第 7 章 >7.1.4.ai
效果位置	效果 > 第 7 章 >7.1.4.ai
视频位置	视频 > 第 7 章 >7.1.4 实战——再次变换图形对象 .mp4

01 单击"文件"｜"打开"命令，打开一幅素材图像，如图7-14所示。

图 7-14 打开素材图像

02 选取工具面板中的选择工具 ▶，选中需要变换的图形，如图7-15所示。

图 7-15 选择图形

03 按住【Alt】键向右上角拖曳鼠标，复制对象，如图7-16所示。

图 7-16 复制对象

04 不要取消选择，单击"对象"｜"变换"｜"再次变换"命令，如图7-17所示。

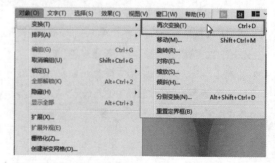

图 7-17 单击"再次变换"命令

05 执行操作后，即可重复上一次的变换操作，效果如图7-18所示。

图 7-18　重复上一次的变换操作

06 按两次【Ctrl＋D】组合键，即可连续移动并复制对象，并将所复制的对象置于顶层，效果如图7-19所示。

图 7-19　连续移动并复制对象

7.2　扭曲对象

在本节中，可了解扭曲对象的使用方法及应用技巧，使用不同的扭曲对象工具可以得到相应的变形效果。

7.2.1　实战——使用整形工具扭曲对象 重点

整形工具主要是用来调整和改变路径形状的，使用工具面板中的整形工具 可以在当前选择的图形或路径中添加锚点或调整锚点的位置。

素材位置	素材＞第 7 章＞7.2.1.ai
效果位置	效果＞第 7 章＞7.2.1.ai
视频位置	视频＞第 7 章＞7.2.1　实战——使用整形工具扭曲对象.mp4

01 单击"文件"｜"打开"命令，打开一幅素材图像，选取工具面板中的直接选择工具 ，选中需要改变的图形，如图7-20所示。

图 7-20　打开素材图像

02 选取工具面板中的整形工具 ，将鼠标指针移至所选图形的合适位置，鼠标指针呈 形状，如图7-21所示。

图 7-21　鼠标指针形状

03 单击鼠标左键，即可添加一个路径锚点，如图7-22所示。

图 7-22　添加锚点

04 使用直接选择工具选中所添加的锚点，并调整该锚点的位置，如图7-23所示。

图 7-23　调整锚点位置

05 再使用锚点工具对锚点进行调节，效果如图7-24所示。

图 7-24 调节手柄后的效果

06 用与前面几步同样的方法，对图像窗口中的其他图形进行变形，如图7-25所示。

图 7-25 图像效果

7.2.2 实战——使用变形工具扭曲对象 重点

使用工具面板中的变形工具 ■，可以将简单的图形变为复杂的图形。此外，它不仅对开放式的路径有效，也对闭合式的路径有效。

素材位置	素材 > 第 7 章 >7.2.2.ai
效果位置	效果 > 第 7 章 >7.2.2.ai
视频位置	视频 > 第 7 章 >7.2.2 实战——使用变形工具扭曲对象 .mp4

01 单击"文件"｜"打开"命令，打开一幅素材图像，如图7-26所示。

图 7-26 打开素材图像

02 将鼠标指针移至变形工具图标 ■ 上，双击鼠标左键，弹出"变形工具选项"对话框，设置"宽度"为25mm，"高度"为25mm，"角度"为0°，"强度"50%，选中"细节"和"简化"复选框，并分别在其右侧的数值框中输入3、40，如图7-27所示。

图 7-27 设置选项

"变形工具选项"对话框中各主要选项含义如下。

◆ "宽度和高度"选项：主要用来设置变形工具的画笔大小。

◆ "角度"选项：主要用来设置变形工具的画笔角度。

◆ "强度"选项：主要用来设置变形工具在使用时的画笔强度，数值越大，则图形变形的速度就越快。

◆ "细节"复选框：主要用来设置图形轮廓上各锚点之间的间距。选中此复选框后，用户可以通过直接拖曳滑块或输入数值设置此选项，数值越大，则点的间距越小。

◆ "简化"复选框：主要用来设置减少图形中多余点的数量，且不会影响图形的整体外观。

◆ "显示画笔大小"：选中此复选框，可以在图像窗口中使用画笔时显示画笔的大小。

03 单击"确定"按钮，将鼠标指针移至图像窗口中需要变形的图形附近，如图7-28所示。

图 7-28 移动鼠标指针

04 单击鼠标左键并向图形内部进行拖曳，即可使图形变形，效果如图7-29所示。

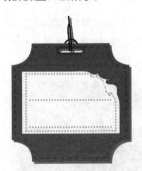

图 7-29 图形变形效果

7.2.3 实战——使用旋转工具扭曲对象

使用工具面板中的旋转扭曲工具 ，可以对图形进行旋转扭曲变换操作，从而使图形变形为类似于涡流的效果。

素材位置	素材 > 第 7 章 >7.2.3.ai
效果位置	效果 > 第 7 章 >7.2.3.ai
视频位置	视频 > 第 7 章 >7.2.3 实战——使用旋转工具扭曲对象 .mp4

01 单击"文件"｜"打开"命令，打开一幅素材图像，如图7-30所示。

图 7-30 打开素材图像

02 将鼠标指针移至旋转扭曲工具图标 上，双击鼠标左键，弹出"旋转扭曲工具选项"对话框，设置"宽度"为75mm，"高度"为75mm，"角度"为0°，"强度"为60%，"旋转扭曲速率"为50°，"细节"为6，"简化"为50，如图7-31所示。

图 7-31 设置选项

03 单击"确定"按钮，将鼠标指针移至图像窗口中需要进行旋转扭曲操作的图形上，如图7-32所示。

图 7-32 移动鼠标指针

04 按住鼠标左键不放，旋转扭曲工具即可按照设置的参数值对图形进行旋转扭曲，如图7-33所示。

图 7-33 旋转扭曲图形

使用旋转扭曲工具时，用户可以根据自身的需要在"旋转扭曲工具选项"对话框中进行相应的参数设置，以制作出不同的图像和视觉效果。其中，设置"旋转扭曲速率"时，设置的数值越大，图形旋转扭曲的速度就越快。

7.2.4 实战——使用缩拢工具扭曲对象 进阶

使用工具面板中的缩拢工具 ❋ 可以对图形制作挤压变形效果。

素材位置	素材 > 第 7 章 >7.2.4.ai
效果位置	效果 > 第 7 章 >7.2.4.ai
视频位置	视频 > 第 7 章 >7.2.4 实战——使用缩拢工具扭曲对象 .mp4

01 单击"文件"｜"打开"命令，打开一幅素材图像，如图7-34所示。

图 7-34 打开素材图像

02 将鼠标指针移至缩拢工具图标 ❋ 上，双击鼠标左键，弹出"收缩工具选项"对话框，设置"宽度"为85mm，"高度"为85mm，"角度"为0°，"强度"为20%，"细节"为1，"简化"为10，如图7-35所示。

图 7-35 设置选项

03 单击"确定"按钮，将鼠标指针移至图形的正中央，如图7-36所示。

图 7-36 移动鼠标指针

04 单击鼠标左键，图形收缩至合适程度后，释放鼠标左键，即可查看图形收缩后的图像效果，如图7-37所示。

图 7-37 收缩后的图像效果

7.2.5 实战——使用膨胀工具扭曲对象

膨胀工具的作用主要是以画笔的大小向外扩展图形形状。

若膨胀工具的画笔位置处于图形的边缘，则该图形的边缘向画笔的外缘进行膨胀，但观察到的图形形状则是向图形的内部进行收缩变形。若用户使用选择工具在图形窗口中选择图形，则膨胀工具只对选择的图形进行膨胀变形操作。

素材位置	素材 > 第 7 章 >7.2.5.ai
效果位置	效果 > 第 7 章 >7.2.5.ai
视频位置	视频 > 第 7 章 >7.2.5 实战——使用膨胀工具扭曲对象 .mp4

01 单击"文件"｜"打开"命令，打开一幅素材图像，如图7-38所示。

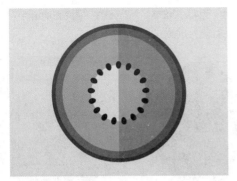

图 7-38 打开素材图像

02 将鼠标指针移至膨胀工具图标 ✛ 上，双击鼠标左键，弹出"膨胀工具选项"对话框，设置"宽度"为30mm，"高度"为50mm，"角度"为0°，"强度"为40%，"细节"为2，"简化"为10，如图7-39所示。

图 7-39 设置选项

03 单击"确定"按钮，画笔形状根据设置的参数值以椭圆形进行了显示，将鼠标指针移至需要进行膨胀的图形上，单击鼠标左键，即可使猕猴桃图形进行膨胀变形，并呈现出一种弧面效果，如图7-40所示。

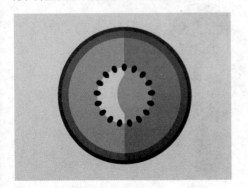

图 7-40 膨胀变形后的图像效果

7.2.6 实战——使用扇贝工具扭曲对象

使用工具面板中的扇贝工具 ▬，可以让图形产生扇形外观，使图形产生向某一点聚集的效果。

素材位置	素材 > 第 7 章 >7.2.6.ai
效果位置	效果 > 第 7 章 >7.2.6.ai
视频位置	视频 > 第 7 章 >7.2.6 实战——使用扇贝工具扭曲对象 .mp4

01 单击"文件"｜"打开"命令，打开一幅素材图像，选中需要变形的图形，如图7-41所示。

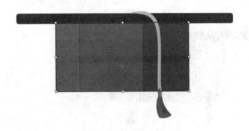

图 7-41 选择需要变形的图形

02 在扇贝工具图标 ▬ 上双击鼠标左键，弹出"扇贝工具选项"对话框，设置"宽度"为20mm，"高度"为20mm，"角度"为0°，"强度"为40%，"复杂性"为3，"细节"为1，选中"画笔影响内切线手柄"和"画笔影响外切线手柄"复选框，如图7-42所示。

图 7-42 设置选项

03 单击"确定"按钮，将鼠标指针移至所选图形的路径外侧，单击鼠标左键，即可显示图形变形的预览效果，如图7-43所示。

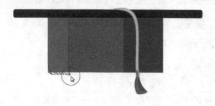

图 7-43 扇贝变形预览效果

04 沿着图形外侧拖曳鼠标，即可使图形外缘变形，效果如图7-44所示。

图 7-44 图像效果

专家指点

通过在"扇贝工具选项"对话框中设置不同的参数与选项，可以让图形边缘产生许多不同样式的锯齿或细小的皱褶状曲线效果。

另外，在使用变形工具的操作过程中，若选择了某一个图形，则该工具只会针对这个图形进行变形；若没有选中图形，则图像窗口中可以被画笔触及的图形都会产生变形。

7.2.7 实战——使用晶格工具扭曲对象

使用Illustrator CC 2017中的晶格工具 ，可以对图形进行细化处理，从而使图形产生放射效果。

素材位置	素材 > 第 7 章 >7.2.7.ai
效果位置	效果 > 第 7 章 >7.2.7.ai
视频位置	视频 > 第 7 章 >7.2.7 实战——使用晶格工具扭曲对象 .mp4

01 单击"文件"｜"打开"命令，打开一幅素材图像，选中需要变形的图形，如图7-45所示。

02 在晶格化工具图标 上双击鼠标左键，弹出"晶格化工具选项"对话框，设置"宽度"为15mm，"高度"为15mm，"角度"为0°，"强度"为20%，

"复杂性"为4，"细节"为2，选中"画笔影响锚点"复选框，如图7-46所示。

图 7-45 选中素材图像　　　图 7-46 设置选项

03 单击"确定"按钮，将鼠标指针移至所选图形的内部，即画笔的中心点在图形内部，如图7-47所示。

04 单击鼠标左键，并沿着图形走向拖曳鼠标，即可使该图形变形，如图7-48所示。

图 7-47 移动鼠标　　　图 7-48 图形变形

05 用与前面几步同样的方法，对图像中的其他图形进行晶格化变形，效果如图7-49所示。

图 7-49 图像效果

7.2.8 实战——使用皱褶工具扭曲对象 进阶

使用工具面板中的皱褶工具 🔨 可以对图形进行皱褶变形，从而使图形产生抖动效果。

素材位置	素材 > 第 7 章 > 7.2.8.ai
效果位置	效果 > 第 7 章 > 7.2.8.ai
视频位置	视频 > 第 7 章 > 7.2.8 实战——使用皱褶工具扭曲对象 .mp4

01 单击"文件"｜"打开"命令，打开一幅素材图像，如图7-50所示。

图 7-50 打开素材图像

02 将鼠标指针移至皱褶工具图标 🔨 上，双击鼠标左键，弹出"皱褶工具选项"对话框，设置"宽度"为50mm，"高度"为50mm，"角度"为0°，"强度"为50%，"水平"为40%，"垂直"为80%，"复杂性"为4，"细节"为1，选中"画笔影响内切线手柄"和"画笔影响外切线手柄"复选框，如图7-51所示。

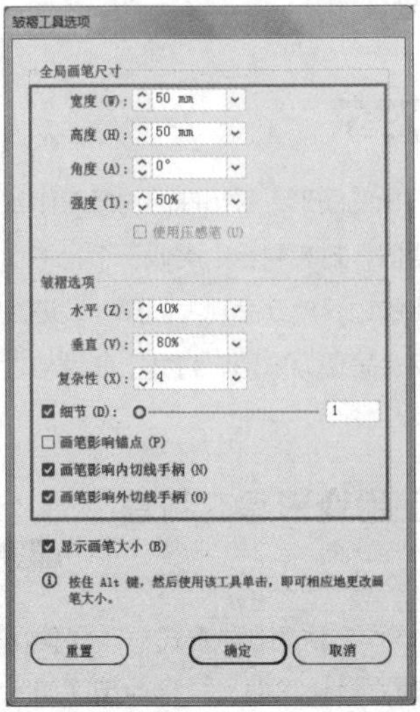

图 7-51 设置选项

在扇贝工具、晶格化工具和皱褶工具的选项对话框中，除了一些常用的设置选项外，还增添了一些选项。

这些选项的主要含义如下。

◆ "复杂性"数值框：主要用来设置图形变形的复杂程度，数值越大，图形的变形程度越明显，若输入的数值为0，则图形将无任何变化。

◆ "画笔影响锚点"复选框：选中此复选框，在使用变形工具时，画笔只针对图形的锚点并使之变形。

◆ "画笔影响内切线手柄"复选框：选中此复选框，在使用变形工具时，画笔只针对锚点的内切线手柄，并使之变形。

◆ "画笔影响外切线手柄"复选框：选中此复选框，在使用变形工具时，画笔只会针对锚点的外切线手柄，并使之变形。

03 单击"确定"按钮，将鼠标指针移至选择变形的图形上，单击鼠标左键不放，图像窗口中即可显示图形边缘抖动并随之变形的预览效果，如图7-52所示。

图 7-52 预览效果

04 沿着图形的形状拖曳鼠标，使图形变形至满意效果后，释放鼠标即可，效果如图7-53所示。

图 7-53 图形变形效果

05 用与前面几步同样的方法，对图像窗口中其他图形进行皱褶变形，效果如图7-54所示。

图 7-54 图像效果

7.2.9 实战——使用宽度工具扭曲对象

使用宽度工具 📐 可以横向拉伸路径，绘制出特殊的图形效果。用户在使用变形类工具对图形进行变形操作时，鼠标指针在默认状态下显示为空心圆，其半径越大则操作中变形的区域也就越大。

另外，在使用变形类工具对图形进行变形操作时，按住【Alt】键的同时拖曳鼠标，可以动态改变空心圆的大小及形状。若用户需要精确地控制每种变形工具的操作参数，也可以双击工具面板中的相应工具，然后在弹出的相应对话框中设置各参数。

素材位置	素材 > 第 7 章 >7.2.9.ai
效果位置	效果 > 第 7 章 >7.2.9.ai
视频位置	视频 > 第 7 章 >7.2.9 实战——使用宽度工具扭曲对象 .mp4

01 单击"文件" | "打开"命令，打开一幅素材图像，如图7-55所示。

图 7-55 打开素材图像

02 选取宽度工具 📐，将鼠标指针移至路径的末端，此时指针呈 📐 形状，如图7-56所示。

图 7-56 定位鼠标指针

03 单击鼠标左键并向左侧拖曳，即可加宽路径，变形后的效果如图7-57所示。

图 7-57 变形后的效果图像

7.3 封套扭曲对象

封套是用于扭曲对象的图形，被扭曲的对象叫作封套内容。封套类似于容器，封套内容则类似于水，将水装进圆形的容器时，水的边界就会呈现为圆形，装进方形容器时，水的边界又会呈现为方形，封套扭曲也与之类似。

7.3.1 实战——使用变形建立封套扭曲 　　重点

建立封套扭曲的操作方法有3种方式：一是使用"用变形建立"命令建立封套扭曲；二是使用"用网格建立"命令建立封套扭曲；三是使用"用顶层对象建

立"命令建立封套扭曲。

素材位置	素材 > 第 7 章 >7.3.1.ai
效果位置	效果 > 第 7 章 >7.3.1.ai
视频位置	视频 > 第 7 章 >7.3.1 实战——使用变形建立封套扭曲 .mp4

01 单击"文件"｜"打开"命令，打开一幅素材图像，选中需要变形的图形，如图7-58所示。

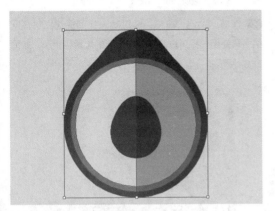

图 7-58 选择打开的素材图像

02 单击"对象"｜"封套扭曲"｜"用变形建立"命令，弹出"变形选项"对话框，单击"样式"选项右侧的下拉按钮，在弹出的列表框中选择"上弧形"选项，选中"水平"单选按钮，设置"弯曲"为50%；"扭曲"选项区中"水平"为0%，"垂直"为0%，如图7-59所示。

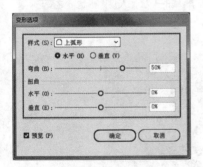

图 7-59 设置选项

"变形选项"对话框中主要选项的含义如下。

◆ "样式"文本框：主要用于设置图形变形的样式，单击文本框右侧的下拉按钮，在弹出的下拉列表中提供了15种封套扭曲的样式，用户可通过选择不同的样式对图形制作出不同的封套扭曲效果。

◆ "水平"和"垂直"单选按钮：选中"水平"单选按钮，则图形的变形操作作用于水平方向上；选中"垂直"单选按钮，则图形的变形操作作用于垂直方向上。

◆ "弯曲"数值框：主要用于设置所选图形的弯曲程度，若在其右侧的数值框中输入正值，则选择的图形将向上或向左变形；若输入负值，则选择的图形将向下或向右变形。

◆ "扭曲"选项区：主要用于设置选择的图形在变形的同时是否进行扭曲操作，在其右侧的数值框中输入不同的数值，图形扭曲的程度和方向也会有所不同。若设置"水平"选项，则图形的变形将偏向于水平方向；若设置"垂直"选项，则图形的变形将偏向于垂直方向。

03 单击"确定"按钮，即可使选中的图形按照所设置的参数进行变形，并适当调整图形高度，效果如图7-60所示。

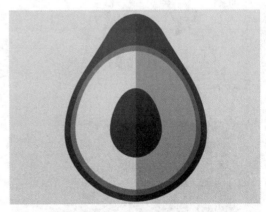

图 7-60 图像效果

7.3.2 实战——使用网格建立封套扭曲

使用"用网格建立"命令可以在应用封套的图形对象上覆盖封套网格，然后用户可使用工具面板中的直接选择工具拖曳封套网格上的控制柄，以便灵活地调整封套效果。

使用"用网格建立"命令可以为选择的图形创建一个矩形网格状的封套，在对话框中设置不同的参数，所创建的网格也会有所不同，网格上自带着锚点和方向线，通过改变节点和方向线可以改变网格的形状，封套中的图形也随之改变。

在"封套网格"话框中，"行数"数值框主要用来建立网格的行数；"列数"数值框主要用来建立网格的列数。

素材位置	素材 > 第7章 >7.3.2（1）.ai、7.3.2（2）.ai
效果位置	效果 > 第7章 >7.3.2.ai
视频位置	视频 > 第7章 >7.3.2 实战——使用网格建立封套扭曲 .mp4

01 单击"文件"｜"打开"命令，打开两幅素材图像，如图7-61、图7-62所示。

图 7-61 打开人物素材图像

图 7-62 打开背景素材图像

02 将人物图形复制粘贴于相框素材的文档中，并选中人物图形；单击"对象"｜"封套扭曲"｜"用网格建立"命令，弹出"封套网格"对话框，设置"行数"为2，"列数"为2，如图7-63所示。

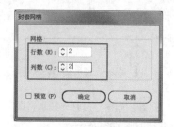

图 7-63 设置选项

03 单击"确定"按钮，即可对人物图形建立封套网格，再使用选择工具调整人物图形的位置和大小，如图7-64所示。

图 7-64 调整图形

04 选取工具面板中的直接选择工具，将鼠标指针移至封套网格的锚点上，单击鼠标左键并拖曳，即可调整网格点的位置和网格线的形状，人物图形也随之变形，效果如图7-65所示。

图 7-65 调整锚点后的图像效果

7.3.3 使用顶层对象建立封套扭曲

在使用"用顶层对象建立"命令对图形进行封套扭

曲时，所选择的图形数量应在两个或两个以上，否则无法建立封套效果。

01 用户需要确定编辑的素材图像，如图7-66所示。

图 7-66　确定素材图像

02 选取工具面板中的圆角矩形工具 ▢,，在控制面板上设置"填色"为"无"，"描边"为黑色；在图像窗口中单击鼠标左键，弹出"圆角矩形"对话框，设置"宽度"为750px，"高度"为750px，"圆角半径"为30px，如图7-67所示。

图 7-67　设置参数值

03 单击"确定"按钮，即可绘制一个指定大小的圆角矩形框，如图7-68所示，按【Ctrl+A】组合键，将图像窗口中的所有图形全部选中。

图 7-68　绘制圆角矩形框

04 单击"对象"｜"封套扭曲"｜"用顶层对象建立"命令，即可使用圆角矩形框建立封套效果，如图7-69所示。

图 7-69　封套效果

7.4 混合对象

混合对象有些类似于动画创作中的生成关键帧的做法。在Illustrator CC 2017中，用户不但可以从两个或更多的图形之间创建一系列的中间对象，还可以创建出一系列的中间颜色。

7.4.1 实战——使用混合工具创建混合

在Illustrator CC 2017中，用户只需要绘制两个图形对象（可以是开放的路径，或是闭合的路径和输入的文字），然后运用混合工具依次单击图形，系统将会根据两个图形之间的差别，自动进行计算并生成中间的过渡图形。

图形的混合操作主要有3种，分别如下。

◆ 直接混合：即在所选择的两个图形路径之间进行混合。

◆ 沿路径混合：即图形在混合的同时并沿指定的路径布置。

◆ 复合路径：即在两个以上图形之间的混合。

素材位置	素材＞第 7 章＞7.4.1.ai
效果位置	效果＞第 7 章＞7.4.1.ai
视频位置	视频＞第 7 章＞7.4.1 实战——使用混合工具创建混合.mp4

01 单击"文件"｜"打开"命令，打开一幅素材图像，选取工具面板中的混合工具 ▱，将鼠标指针移至图

像中的一个图形上，当鼠标指针呈 ⁀。形状，如图7-70
所示，单击鼠标左键。

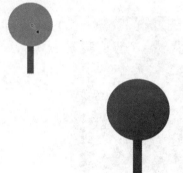

图 7-70 鼠标指针呈 ⁀。形状

02 将鼠标指针移至另一个图形上，鼠标指针呈 ⁀。形
状，效果如图7-71所示。

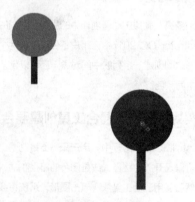

图 7-71 鼠标指针呈 ⁀。形状

03 单击鼠标左键，即可创建混合图形，如图7-72
所示。

图 7-72 混合图形

7.4.2 实战——使用混合命令创建混合 进阶

在Illustrator CC 2017中，将两个图形选中，单击
"对象" | "混合" | "建立"命令，即可创建混合
图形。

素材位置	素材 > 第 7 章 >7.4.2.ai
效果位置	效果 > 第 7 章 >7.4.2.ai
视频位置	视频 > 第 7 章 >7.4.2 实战——使用混合命令创 建混合 .mp4

01 单击"文件" | "打开"命令，打开一幅素材图
像，如图7-73所示。

图 7-73 打开素材图像

02 将两个图形选中，单击"对象" | "混合" | "建
立"命令，即可创建混合图形，效果如图7-74所示。

图 7-74 混合图形

7.5 习题测试

习题1 使用镜像工具镜像图像

素材位置	素材 > 第 7 章 > 习题 1.ai
效果位置	效果 > 第 7 章 > 习题 1.ai
视频位置	视频 > 第 7 章 > 习题 1：使用镜像工具镜像图像.mp4

本习题需要练习使用镜像工具镜像图像的操作，素材与效果如图7-75所示。

图 7-75　素材与效果

习题2 使用倾斜工具倾斜图像

素材位置	素材 > 第 7 章 > 习题 2.ai
效果位置	效果 > 第 7 章 > 习题 2.ai
视频位置	视频 > 第 7 章 > 习题 2：使用倾斜工具倾斜图像.mp4

本习题需要练习使用倾斜工具倾斜图像的操作，素材与效果如图7-76所示。

图 7-76　素材与效果

习题3 使用比例缩放工具缩放图像

素材位置	素材 > 第 7 章 > 习题 3.ai
效果位置	效果 > 第 7 章 > 习题 3.ai
视频位置	视频 > 第 7 章 > 习题 3：使用比例缩放工具缩放图像 .mp4

本习题需要练习使用比例缩放工具缩放图像的操作，素材与效果如图7-77所示。

图 7-77　素材与效果

在平面设计中，文字是不可缺少的设计元素，它直接传达着设计者的意图。因此，对文字的设计与编排是不容忽视的。Illustrator CC 2017提供了强大的文本处理功能，可以满足不同版面的设计需要，用户也可以对文本的属性进行编辑，如字体、字号、字间距、行间距等，还可以将文本置于路径图形中。

扫 码 观 看 本 章
实 战 操 作 视 频

课堂学习目标
- 掌握创建文本的操作方法
- 掌握图文混排面板的操作方法
- 掌握编辑文本格式的操作方法

8.1 创建文本

虽然Illustrator CC 2017是一款图形软件，但它的文本操作功能同样非常强大，其工具面板中提供了多种文本工具，分别是文字工具 **T.**、区域文字工具 **▥.**、路径文字工具 **◟.**、直排文字工具 **⥮T.**、直排区域文字工具 **▥.**、直排路径文字工具 **◟.**。用户使用这些文本输入工具，不仅可以按常规的书写方法输入文本，还可以将文本限制在一个区域内。

8.1.1 实战——创建文字对象   重点

使用工具面板中的文字工具和直排文字工具均可以在图形窗口中直接输入所需要的文字内容，其操作方法是一样的，只是文本排列的方式不一样。这两种工具输入文字的方式有两种：一是按指定的行进行输入；二是按指定的范围进行输入。

选取工具面板中的文字工具 **T.**（或直排文字工具 **⥮T.**）在图形窗口中直接输入文字时，文字不能自动换行，若用户需要换行，必须按【Enter】键强制性换行，用这种方法一般用于创建标题和篇幅比较小的文本。

素材位置	素材＞第 8 章＞8.1.1.ai
效果位置	效果＞第 8 章＞8.1.1.ai
视频位置	视频＞第 8 章＞8.1.1 实战——创建文字对象.mp4

01 单击"文件"｜"打开"命令，打开一幅素材图像，如图8-1所示。

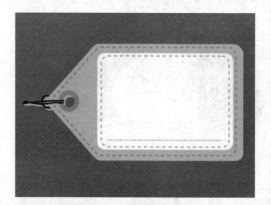

图 8-1 打开素材图像

02 选取工具面板中的文字工具 **T.**，将鼠标指针移至图像窗口中，此时鼠标指针呈 **I** 形状，如图8-2所示。

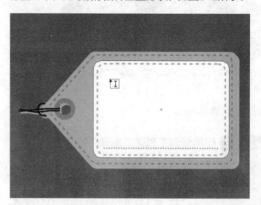

图 8-2 移动鼠标指针

03 在图像窗口中的合适位置单击鼠标左键，确认文字的插入点，如图8-3所示。

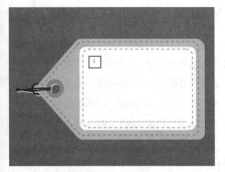

图 8-3 确认文字插入点

04 插入点呈闪烁的光标状态时，在控制面板中设置"填色"为黑色，"字体"为"微软雅黑"，"字体大小"为36pt，如图8-4所示。

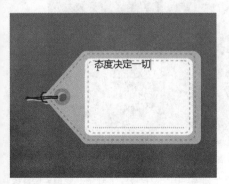

图 8-4 设置工具属性

05 选择一种输入法，输入相应的文字，如图8-5所示。

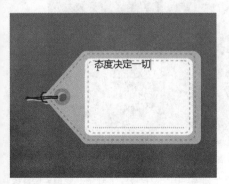

图 8-5 输入文字

06 选中"态度"两个字，设置"字体大小"为50pt，并调整文字至合适位置，效果如图8-6所示。

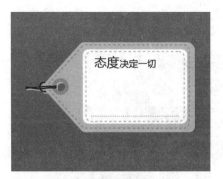

图 8-6 设置文字属性

8.1.2 实战——创建直排文字对象 重点

选取直排文字工具后，用户可以在Illustrator CC 2017工作区中的任何位置单击鼠标左键，确认文字的插入点，然后便可以输入直排文字。

素材位置	素材 > 第 8 章 >8.1.2.ai
效果位置	效果 > 第 8 章 >8.1.2.ai
视频位置	视频 > 第 8 章 >8.1.2 实战——创建直排文字对象 .mp4

01 单击"文件" | "打开"命令，打开一幅素材图像，如图8-7所示。

图 8-7 打开素材图像

02 选取工具面板中的直排文字工具，将鼠标指针移至图像窗口中，此时鼠标指针呈形状，如图8-8所示。

图 8-8 移动鼠标指针

03 在图像窗口中的合适位置单击鼠标左键，确认文字的插入点，如图8-9所示。

图 8-9 确认文字插入点

04 插入点呈闪烁的光标状态时，在控制面板中设置"填色"为黑色，"字体"为楷体，"字体大小"为50pt，如图8-10所示。

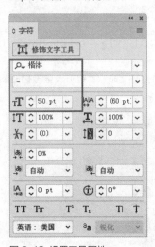

图 8-10 设置工具属性

05 选择一种输入法，输入相应的文字，如图8-11所示。

图 8-11 输入文字

8.1.3 实战——创建区域文字对象

使用区域文字工具主要是在闭合路径的内部创建文本，即用文本填充一个现有的路径形状。若没有选择路径图形，则在图像窗口中单击鼠标确认插入点时，将会弹出信息提示框，提示用户在路径中创建文本。

另外，在复合路径和蒙版的路径上是无法创建区域文字的。

素材位置	素材 > 第 8 章 >8.1.3.ai
效果位置	效果 > 第 8 章 >8.1.3.ai
视频位置	视频 > 第 8 章 >8.1.3 实战——创建区域文字对象.mp4

01 单击"文件"｜"打开"命令，打开一幅素材图像，如图8-12所示。

图 8-12 打开素材图像

02 选取工具面板中的矩形工具，设置"填色"为"无"，"描边"为"无"，在图像窗口中的合适位置绘制出一个矩形框，如图8-13所示。

图 8-13 绘制矩形框

03 选取工具面板中的区域文字工具，将鼠标指针移至矩形框内部的路径附近，此时鼠标指针呈形状，如图8-14所示。

图 8-14 移动鼠标指针

04 单击鼠标左键，确认区域文字的插入点，如图8-15所示。

图 8-15 确认区域文字插入点

05 插入点呈闪烁的光标状态时，在控制面板中设置"填色"为白色，"字体"为"黑体"，"字体大小"为18pt，选择一种输入法并输入相应的文字，如图8-16所示。

图 8-16 输入相应的文字

06 输入完成后，使用选择工具对矩形框的大小进行调整，同时区域文字也随之进行了调整，如图8-17所示。

图 8-17 调整文字

8.1.4 实战——创建直排区域文字对象

使用工具面板中的直排区域文字工具，可以在开放或闭合的路径内创建垂直的文本对象，从而创建出一些用户需要的文本排列形式。

当用户在闭合的路径中输入完文字后，若路径上显示红色的标记田，则表示输入的文字没有完全显示，此时，需要适当地调整路径的大小。

素材位置	素材 > 第 8 章 >8.1.4.ai
效果位置	效果 > 第 8 章 >8.1.4.ai
视频位置	视频 > 第 8 章 >8.1.4 实战——创建直排区域文字对象 .mp4

01 单击"文件"｜"打开"命令，打开一幅素材图像，如图8-18所示。

图 8-18 打开素材图像

02 选取工具面板中的矩形工具，设置"填色"为"无"，"描边"为"无"，在图像窗口中的合适位置绘制出一个矩形框，如图8-19所示。

图 8-19 绘制矩形框

03 选取工具面板中的直排区域文字工具 <kbd></kbd>，将鼠标指针移至矩形框内部的路径附近，此时鼠标指针呈 <kbd></kbd> 形状，单击鼠标左键，确认区域文字的插入点，如图8-20所示。

图 8-20 移动鼠标指针并确认区域文字插入点

04 插入点呈闪烁的光标状态时，在控制面板中设置"填色"为白色，"字体"为黑体，"字体大小"为30pt，选择一种输入法并输入相应的文字，如图8-21所示。

图 8-21 输入相应的文字

05 输入完成后，使用选择工具对矩形框的大小进行调整，同时区域文字也随之进行了调整，如图8-22所示。

图 8-22 调整文字

8.1.5 实战——创建路径文字对象 进阶

使用工具面板中的路径文字工具 <kbd></kbd> 或直排路径文字工具 <kbd></kbd>，均可以使文字沿着绘制的路径排列，但输入文本后的路径将失去填充和轮廓属性，不过可使用相关工具编辑其锚点和形状。

素材位置	素材 > 第 8 章 >8.1.5.ai
效果位置	效果 > 第 8 章 >8.1.5.ai
视频位置	视频 > 第 8 章 >8.1.5 实战——创建路径文字对象.mp4

01 单击"文件" | "打开"命令，打开一幅素材图像，如图8-23所示。

图 8-23 打开素材图像

02 选取工具面板中的钢笔工具，设置"填色"为"无"，"描边"为"无"，在图像窗口中的合适位置绘制一条开放路径，如图8-24所示。

图 8-24　绘制开放路径

03 选取工具面板中的路径文字工具 ✎，将鼠标指针移至开放路径上，此时鼠标指针呈 ⅉ 形状，单击鼠标左键，确认路径文字的插入点，如图8-25所示。

图 8-25　移动鼠标指针并确认路径文字的插入点

04 插入点呈闪烁的光标状态时，在控制面板中设置"填色"为白色，"字体"为黑体，"字体大小"为36pt，选择一种输入法并输入相应的文字，如图8-26所示。

图 8-26　输入相应的文字

05 输入完成后，对路径进行了适当的调整，如图8-27所示。

图 8-27　创建路径文字

> **专家指点**
>
> 创建开放路径后，用户在路径上的任何位置确认插入点，插入点都会以开放路径的起始点为准。

8.1.6 实战——创建直排路径文字对象

若用户是在闭合路径上创建路径文字或直排路径文字，则两种文字的走向是一样的。当文本填充完整条路径后，若继续输入文字，则文字插入点的位置会显示⊞图标，表示路径已填充完毕，且有文本被隐藏。

素材位置	素材 > 第 8 章 > 8.1.6.ai
效果位置	效果 > 第 8 章 > 8.1.6.ai
视频位置	视频 > 第 8 章 > 8.1.6 实战——创建直排路径文字对象 .mp4

01 单击"文件"｜"打开"命令，打开一幅素材图像，如图8-28所示。

图 8-28　打开素材图像

02 选取工具面板中的钢笔工具，设置"填色"为"无"，"描边"为"无"，在图像窗口中的合适位置绘制一条开放路径，如图8-29所示。

图8-29 绘制开放路径

03 选取工具面板中的直排路径文字工具 ，将鼠标指针移至开放路径上，此时鼠标指针呈 形状，单击鼠标左键，确认路径文字的插入点，如图8-30所示。

图 8-30 移动指针鼠标并确认路径文字的插入点

04 插入点呈闪烁的光标状态时，在控制面板中设置"填色"为白色，"字体"为黑体，"字体大小"为36pt，选择一种输入法并输入相应的文字，如图8-31所示。

图 8-31 输入相应的文字

05 输入完成后，对路径进行了适当的调整，效果如图8-32所示。

图 8-32 创建路径文字

8.2 编辑文本格式

　　Illustrator CC 2017提供了强大的文本处理功能，可以满足不同版面的设计需要，它不仅可以在图像窗口中创建横排或竖排文本，而且可以对文本的属性进行编辑，如字体、字号、字间距、行间距等，还可以将文本置于路径图形中。

8.2.1 实战——修改字符的格式 　　重点

　　与其他图形图像软件一样，在Illustrator CC 2017中，用户可以通过"字符"面板对所创建的文本对象进行编辑，如选择文字、改变字体大小和类型、设置文本的行距和字距等，从而使用户能够更加自由地编辑文本对象中的文字，使其更符合整体版面的设计安排。

　　用户通过"字符"面板，可以很方便地对文本对象中的字符格式进行精确的编辑与调整，这些属性包括字体类型、字体大小、文本行距、文本字距，以及文字的水平及垂直比例、间距等。

素材位置	素材＞第 8 章＞8.2.1.ai
效果位置	效果＞第 8 章＞8.2.1.ai
视频位置	视频＞第 8 章＞8.2.1 实战——修改字符的格式.mp4

01 单击"文件"｜"打开"命令，打开一幅素材图像，如图8-33所示。

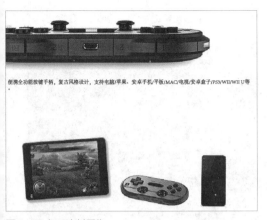

图 8-33 打开素材图像

02 运用选择工具 ▶ 选中文字，如图8-34所示。

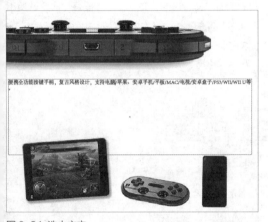

图 8-34 选中文字

03 单击“窗口”｜“文字”｜“字符”命令，调出“字符”面板，单击“设置字体系列”文本框右侧的下拉按钮，在弹出的下拉列表中选择“文鼎霹雳体”选项，在“设置字体大小” TT 文本框中设置“字体大小”为30pt，如图8-35所示。

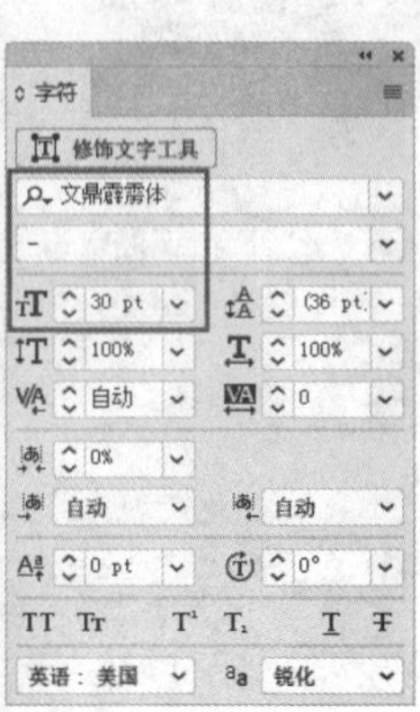

图 8-35 设置字符

04 执行操作的同时，所选择的文字效果随之改变，如图8-36所示。

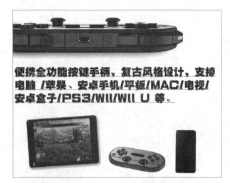

图 8-36 文字效果

专家指点

在“字符”面板中，除了设置字体类型外，还可以设置字体的样式，但该选项主要针对的是英文字体类型。

8.2.2 实战——设置段落的格式

在Illustrator CC 2017中，用户还可以对整个文本对象进行对齐方式、缩进、段落间距等段落格式的设置。这样使选择的文本对象的段落格式更加统一，使整个设计版面中的文本对象更具整体性。

在Illustrator CC 2017中，用户所输入的文本对象若以多行形式显示，那么该文本对象将称之为段落文本。对于创建的段落文本，用户可以通过“段落”面板很方便地对其进行相应的参数设置和编辑，如设置段落文本的对齐方式、段落的缩进方式等。单击“窗口”｜“文字”｜“段落”命令，或按【Ctrl+Alt+T】组合键，即可打开“段落”面板，如图8-37所示。

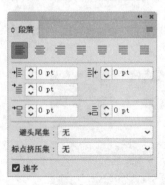

图 8-37 “段落”面板

“段落”面板中共提供了7个对齐按钮，它们主要用于设置段落文本的对齐方式。

其主要含义如下。

◆ 左对齐 ≣：单击该按钮，段落文本中的文字对象将会以整个文本对象的左边缘为界，进行文本左对齐。该按钮为段落文本的默认对齐方式。

◆ 居中对齐 ≣：单击该按钮，段落文本中的文字对象将会以整个文本对象的中心线为界，进行文本居中对齐。

◆ 右对齐 ≣：单击该按钮，段落文本中的文字对象将会以整个文本对象的右边缘为界，进行文本右对齐，如图8-33所示。

◆ 两端对齐，末行左对齐 ≣：单击该按钮，段落文本中的文字对象将会以整个文本对象的左右两边为界对齐。但处于段落文本最后一行的文本，将会以其左边缘为界进行左对齐。

◆ 两端对齐，末行居中对齐 ≣：单击该按钮，段落文本中的文字对象将会以整个文本对象的左右两边为界对齐。但处于段落文本最后一行的文本，将会以其中心线为界，进行居中对齐。

◆ 两端对齐，末行右对齐 ≣：单击该按钮，段落文本中的文字对象将会以整个文本对象的左右两边为界对齐。但处于段落文本最后一行的文本，将会以其右边缘为界进行右对齐。

◆ 全部两端对齐 ≣：单击该按钮，段落文本中的文字对象将会以整个文本对象的左右两边为界，对齐段落中的所有文本对象。

素材位置	素材 > 第 8 章 >8.2.2.ai
效果位置	效果 > 第 8 章 >8.2.2.ai
视频位置	视频 > 第 8 章 >8.2.2 实战——设置段落的格式 .mp4

01 单击"文件"｜"打开"命令，打开一幅素材图像，如图8-38所示。

图 8-38 打开素材图像

02 运用选择工具 ▶ 选中文字，如图8-39所示。

图 8-39 选中文字

03 单击"窗口"｜"文字"｜"段落"命令，调出"段落"面板，单击"右对齐"对齐方式按钮 ≣，如图8-40所示。

图 8-40 单击"右对齐"按钮

04 执行操作的同时，图像窗口中的文字对齐方式随之改变，如图8-41所示。

图 8-41 "右对齐"对齐方式

8.2.3 转换文字为轮廓

在Illustrator CC 2017中，将文字转换为轮廓的方法有以下3种。

◆ 方法1：选中文字，单击"文字"｜"创建轮廓"命令，即可将文字转换成轮廓。

◆ 方法2：选中文字，按【Shift＋Ctrl＋O】组合键，即可将文字转换成轮廓。

◆ 方法3：选中文字，在图像窗口中单击鼠标左键，在弹出的快捷菜单中选择"创建轮廓"选项，即可将文字转换成轮廓。

首先用户需要确定一幅素材图像，如图8-42所示。

图 8-42 确定素材图像

然后选取工具面板中的选择工具 ▶ 选中文本，如图8-43所示。

图 8-43 选中文本

最后，用户按【Shift＋Ctrl＋O】组合键，即可将

文字转换成轮廓，如图8-44所示。

图 8-44 创建轮廓

8.2.4 实战——查找与替换文本对象

在"查找字体"对话框中，若图像窗口中有多个图层，单击"更改"按钮，系统只会将当前图层的文字进行替换，再次单击"更改"按钮，即可替换其他图层的文字字体，或单击"全部更改"按钮，可将图像窗口中的所有文字进行替换。

素材位置	素材＞第 8 章＞8.2.4.ai
效果位置	效果＞第 8 章＞8.2.4.ai
视频位置	视频＞第 8 章＞8.2.4 实战——查找与替换文本对象 .mp4

01 单击"文件"｜"打开"命令，打开一幅素材图像，如图8-45所示。

图 8-45 打开素材图像

02 选中需要替换字体的文字，如图8-46所示。

图 8-46 选择文字

03 单击"文字"｜"查找字体"命令，弹出"查找字体"对话框，在"替换字体来自"的下拉列表框中选择"系统"选项，下方的列表框中将显示系统中所有的字体，选择"微软雅黑"选项，如图8-47所示。

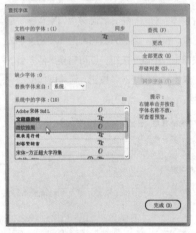

图 8-47 选择字体

04 单击"更改"按钮，即可将所选文字的字体进行替换。单击"完成"按钮完成操作，如图8-48所示。

图 8-48 替换字体

8.2.5 实战——修改文字的方向　重点

利用转换文本方向命令，相当于使用文字工具和直排文字工具输入的文字。若文字是垂直的，使用命令可以将文字转换为水平方向。

素材位置	素材＞第8章＞8.2.5.ai
效果位置	效果＞第8章＞8.2.5.ai
视频位置	视频＞第8章＞8.2.5 实战——修改文字的方向.mp4

01 单击"文件"｜"打开"命令，打开一幅素材图像，如图8-49所示。

图 8-49 打开素材图像

02 运用选择工具▶选中文字，如图8-50所示。

图 8-50 选择文字

03 单击"文字"｜"文字方向"｜"垂直"命令，如图8-51所示。

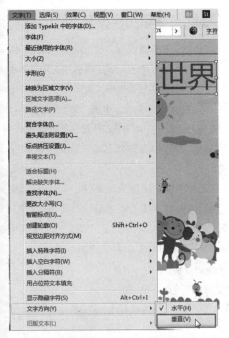

图 8-51 单击相应命令

04 执行操作后，即可转换文字的方向，适当调整其位置，效果如图8-52所示。

图 8-52 转换文本方向

8.3 图文混排面板

Illustrator CC 2017具有较好的图文混排功能，可以实现常见的图文混排效果。与文本分栏一样，进行图文混排的前提是用于混排的文本必须是文本块或区域文字，不能是直接输入的文本和路径文本，否则将无法实现图文混排效果。在文本中插入的图形可以是任意形态

的图形路径，还可以与置入的位图图像和画笔工具创建的图形对象进行混排，但需要经过处理后才可以应用。

8.3.1 制作规则图文混排

所谓规则图文混排就是指文本对象按照规则的几何路径、图形或图像进行混合排列。

首先用户需要确定一幅素材图像，如图8-53所示。

食无赦

冬天，很多人常感到皮肤干燥、头晕嗜睡，反应能力降低，这时如果能吃些生津止渴、润喉去燥的水果，会使人顿觉清爽舒适。那么，冬季吃什么水果好呢？据悉，冬季带有保健医疗性质的水果要数梨和甘蔗。

梨含苹果酸、柠檬酸、葡萄糖、果糖、钙、铁以及多种维生素，有润喉生津、润肺止咳、滋养肠胃，镇静安神、清热镇静的作用。高血压患者，如有头晕目眩、心悸耳鸣者，经常吃梨，可减轻……

甘蔗有滋补清热的作用，含有丰富的营养成分。作为清凉的补剂，对于治疗低血糖、大便干结、小便不利、反胃呕吐、虚热咳嗽和高热烦渴等病症有一定的疗效。

适宜冬季吃的水果还有苹果、橘子、香蕉、山楂等。

图 8-53 确定素材图像

然后，依次选择文字与图像，单击"对象"｜"文本绕排"｜"建立"命令，如图8-54所示。

图 8-54 单击"建立"命令

执行操作后，即可创建规则的图文混排效果，如图8-55所示。

食无赦

冬天，很多人常感到皮肤干燥、头昏嗜睡
，反应能 力降低
，这时如 果能吃
些生津止 渴、润
喉去燥的 水果，
会使人顿 觉清爽
舒适。那 么，冬
季吃什么 水果好
呢？据悉 ，冬天
带有保健 医疗性
质的水果 要数梨
和甘蔗。

梨中含

苹果酸、柠檬酸、葡萄糖、果糖、钙、铁以及多
种维生素，有润喉生津、润肺止咳、滋养肠胃、
降低血压、清热镇静的作用。高血压患者，如果

图 8-55 规则图文混排

专家指点

进行图文混排的操作时，一定要注意输入的文本是区域
文字或处于文本框中，文本和图形必须置于同一个图层，
且图形在文本的上方，这样才能进行图文混排的操作。

8.3.2 制作不规则图文混排 进阶

所谓不规则图文混排是指文本对象按照非规则的路
径、图形或图像进行混合排列。使用直接选择工具将图
形的背景删除，才能让文本与图形进行不规则图文混排
操作。

首先用户需要确定一幅素材图像，如图8-56所示。

图 8-56 确定素材图像

然后，选中文本和人物图形，单击"对象"｜"文
本绕排"｜"建立"命令，即可创建不规则的图文混排
效果，如图8-57所示。

图 8-57 不规则图文混排

8.3.3 实战——编辑与释放文本混排 进阶

用户创建图文混排效果后，若对混排的效果不满
意，可以使用工具面板中的选择工具选择应用文本绕
排效果的图形或图像，然后单击"对象"｜"文本绕
排"｜"文本绕排选项"命令，弹出"文本绕排选项"
对话框，在该对话框中，用户更改所需的参数值，单击
"确定"按钮，即可将调整的参数值应用至选择的图形
或图像中。

另外，若用户不想应用图文混排效果，则使用工具面
板中的选择工具选择应用文本绕排效果的图形或对图像，
然后单击"对象"｜"文本绕排"｜"释放"命令，即可
取消所选择的图形或图像的文本绕排效果。

素材位置	素材＞第 8 章＞8.3.3.ai
效果位置	效果＞第 8 章＞8.3.3.ai
视频位置	视频＞第 8 章＞8.3.3 实战——编辑与释放文本混排 .mp4

01 选中图文混排后的桃子图形，如图8-58所示。

图 8-58 选中桃子图形

02 单击"对象"｜"文本绕排"｜"文本绕排选项"
命令，弹出"文本绕排选项"对话框，设置"位移"为
20pt，如图8-59所示。

图 8-59 设置"位移"选项

03 单击"确定"按钮，即可更改文本混排的效果，如
图8-60所示。

PEACHPEACHPEACHPEACHPEACHPEACHPEACHPEACHPEACH
PEACHPEACHPEACHPEACHPEACHPEACHPEACHPEACHPEACH
PEACHPEACHPEACHPEACHPEACHPEACHPEACHPEACHPEACH
PEACHPEACHPEACHPEA   CHPEACHPEACHPEA
CHPEACHPEACHPE   ACHPEACHPEACHPE
CHPEACHPEACH   PEACHPEACHPEAC
HPEACHPEACHP   EACHPEACHPEACH
PEACHPEACHP   EACHPEACHPEAC
HPEACHPEACHP   EACHPEACHPEAC
HPEACHPEACHP   EACHPEACHPEACH
PEACHPEACHPEAC   HPEACHPEACHPEACH
PEACHPEACHPEACHPE   ACHPEACHPEACHPEACH
EACHPEACHPEACHPEACHPEACHPEACHPEACHPEACHPEACH
EACHPEACHPEACHPEACHPEACHPEACHPEACHPEACHPEACH
EACHPEACHPEACHPEACHPEACHPEACHPEACHPEACHP

图 8-60 更改图文混排效果

04 选中文本和图形后，单击"对象"｜"文本绕排"｜"释放"命令，即可取消图文混排效果，如图8-61所示。

PEACHPEACHPEACHPEACHPEACHPEACHPEACHPEACHPEACH
PEACHPEACHPEACHPEACHPEACHPEACHPEACHPEACHPEACH
PEACHPEACHPEACHPEACHPEACHPEACHPEACHPEACHPEACH
PEACHPEACHPEACHPEACHPEACHPEACHPEACHPEACHPEACH
PEACHPEACHPEACHPEACHPEACHPEACHPEACHPEACHPEACH
PEACHPEACHPEAC   HPEACHPEACHPEACH
PEACHPEACHPEAC   HPEACHPEACHPEACH
PEACHPEACHPEACHPEA   CHPEACHPEACHPEACH
PEACHPEACHPEACHPEACHPEACHPEACHPEACHPEACHPEACH
PEACHPEACHPEACHPEACHPEACHPEACHPEACHPEACHPEACH
PEACHPEACHPEACHPEACHPEACHPEACHPEACHPEACHPEACH

图 8-61 取消图文混排效果

专家指点

在"文本绕排选项"对话框中，"位移"的作用主要是设置图形与文本混排时的距离，输入的数值越大，则图形与文本混排时的距离就越大。

另外，若选中对话框中的"反相绕排"复选框，不论是在规则图文混排还是在不规则图文混排中，图形两边的文本将成空白，而文本将置于图形的控制框中。

8.3.4 实战——设置文本分栏　重点

文本分栏的操作针对的是被选择的整个段落文本，它不能单独对某一部分文字进行分栏操作，也不能对路径文本进行分栏操作。

另外，用户若选中"行"和"列"选项区中的"固定"复选框，不论怎样调整文本框的大小，栏与栏之间所设置的行和列的跨距是不变的。

素材位置	素材 > 第 8 章 >8.3.4.ai
效果位置	效果 > 第 8 章 >8.3.4.ai
视频位置	视频 > 第 8 章 >8.3.4 实战——设置文本分栏 .mp4

01 单击"文件"｜"打开"命令，打开一幅素材图像，如图8-62所示。

图 8-62 打开素材图像

02 选取工具面板中的选择工具 ▶，选中文本框，如图8-63所示。

图 8-63 选中文本框

03 单击"文字"｜"区域文字选项"命令，弹出"区域文字选项"对话框，设置"宽度"为100mm，"高度"为100mm，在"列"选项区中设置"数量"为3，"跨距"为29.1mm，如图8-64所示。

图 8-64 设置选项

04 单击"确定"按钮，图像窗口中即可显示分栏后的文字效果，如图8-65所示。

图 8-65 分栏效果

8.4 习题测试

习题1 置入文本

素材位置	素材 > 第 8 章 > 习题 1.ai
效果位置	效果 > 第 8 章 > 习题 1.ai
视频位置	视频 > 第 8 章 > 习题 1：置入文本 .mp4

本习题需要练习置入文本的操作，素材与效果如图8-66所示。

图 8-66 素材与效果

习题2 剪切、复制和粘贴文本

素材位置	素材 > 第 8 章 > 习题 2.ai
效果位置	效果 > 第 8 章 > 习题 2.ai
视频位置	视频 > 第 8 章 > 习题 2：剪切、复制和粘贴文本 .mp4

本习题需要练习剪切、复制和粘贴文本的操作，素材与效果如图8-67所示。

图 8-67 素材与效果

习题3 填充文本框

素材位置	素材 > 第 8 章 > 习题 3.ai
效果位置	效果 > 第 8 章 > 习题 3.ai
视频位置	视频 > 第 8 章 > 习题 3：填充文本框 .mp4

本习题需要练习填充文本框的操作，素材与效果如图8-68所示。

图 8-68 素材与效果

扫码观看本章
实战操作视频

第**09**章 应用图层与蒙版功能

用户在绘制复杂的图形时，可以使用"图层"面板所提供的相关选项和命令，这样就可以将不同的对象分别放置在不同的图层中，从而可很容易地对它们进行单独操作。蒙版是Illustrator中一个能产生特效的方法，它的工作方式和面具一样，把不想看到的地方遮挡起来，透过蒙版的形状来显示想要看到的部分。

课堂学习目标

- 掌握应用图层的操作方法
- 掌握使用图层混合模式的操作方法
- 掌握编辑图层的操作方法
- 掌握使用图层蒙版的操作方法

9.1 应用图层

图层类似于一叠含有不同图形图像的透明纸，相互按照一定的顺序叠放在一块，最终形成一幅图形图像。图层在图形处理的过程中起到十分重要的作用，它可以将创建或编辑的不同图形通过图层进行管理，方便用户对图形进行编辑操作，也可以丰富图形的效果。

9.1.1 打开"图层"面板

Illustrator中的图层操作与管理主要是通过"图层"面板来实现的。

在绘制复杂的图形时，用户可以将不同的图形放置于不同的图层中，从而可以更加方便地对单独的图形进行编辑，也可以重新组织图形之间的显示顺序。

首先，用户确定一幅素材图像，如图9-1所示。

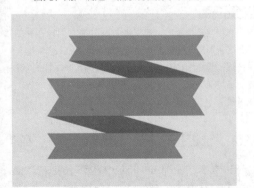

图 9-1 确定素材图像

然后单击"窗口"｜"图层"命令，或按【F7】键，即可打开"图层"面板，如图9-2所示。

图 9-2 打开"图层"面板

"图层"面板中的主要选项、图标和按钮含义如下。

- 图层名称：每个图层在"图层"面板中都有一个名称，以方便用户进行分区。

- 切换可视性图标 👁：用于显示和隐藏图层，方便用户观察图形对象。

- 切换锁定图标 🔒：若某图层中显示该图标，即该图层处于锁定状态。

- 建立/释放剪切蒙版 ▣：单击该按钮，即可为当前图层中的对象创建或释放剪切蒙版。

- 创建新子图层 ▣：单击该按钮，可在当前工作图层中添加新的子图层。

- 创建新图层 ▮：单击该按钮，即可在"图层"面板中创建一个新图层。

- 删除所选图层 🗑：单击该按钮，即可删除当前选择的图层。

- 面板按钮 ≡：单击该按钮，弹出"图层"面板菜单，如图9-3所示。

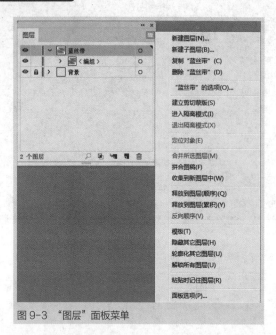

图 9-3 "图层"面板菜单

在Illustrator中，一个独立的图层可以包含多个子图层，若用户隐藏或锁定主图层，那么该主图层中所有子图层也将隐藏或锁定。

9.1.2 创建新图层 `重点`

在Illustrator CC 2017中，创建新图层的操作方法有3种，分别如下。

◆ 单击"图层"面板底部的"创建新图层"按钮，即可快速创建新图层。

◆ 按住【Alt】键的同时，单击"图层"面板底部的"创建新图层"按钮 ，弹出"图层选项"对话框，如图9-4所示，用户在该对话框中设置好相应的选项后，单击"确定"按钮，即可创建一个新的图层。

图 9-4 "图层选项"对话框

◆ 单击"图层"面板右上角的 按钮，在弹出的面板菜单中选择"新建图层"选项，弹出"图层选项"对话框，用户在该对话框中设置好相应的选项后，

单击"确定"按钮，即可创建一个新图层。

单击"窗口"｜"图层"命令，调出"图层"面板，在"图层1"的预览框中，显示了图像窗口中该图层中的图形，将鼠标指针移至面板下方的"创建新图层"按钮上 ，如图9-5所示。

图 9-5 "创建新图层"按钮

单击鼠标左键，即可创建一个新的图层，系统默认的名称为"图层2"，如图9-6所示。

图 9-6 创建图层

> **专家指点**
>
> 用户在创建新图层时，若按住【Ctrl】键的同时，单击"创建新图层"按钮，则可以在所有图层的上方新建一个图层；若按住【Alt + Ctrl】组合键的同时，单击"创建新图层"按钮，则可以在所有选择的图层的下方新建一个图层。

9.1.3 复制图层 `重点`

用户若要复制"图层"面板中的某一图层，首先要将其选择，然后单击"图层"面板右侧的 按钮，在弹出的面板菜单中选择"复制图层"选项；或在选择该图层后，直接将其拖曳至"图层"面板底部的"创建新图层"按钮处，即可快速复制选择的图层，如图9-7、图9-8所示。

图 9-7　拖曳图层

图 9-8　复制图层

复制图层的名称是在原图层名称后面加上"_复制"，用户若需要更改其名称，则需在该图层处双击鼠标左键，在弹出的"图层选项"对话框的"名称"选项中设置名称，单击"确定"按钮后即可。

9.2 编辑图层

图层可以调整顺序、修改命名、设置易于识别的颜色，也可以隐藏、合并和删除。

9.2.1 调整图层顺序层

用户若需要设置图层选项，可在该图层处双击鼠标左键，弹出"图层选项"对话框，如图9-9所示。

图 9-9　"图层选项"对话框

"图层选项"对话框中的主要选项含义如下。

◆ 名称：该选项用于显示当前图层的名称，用户可在其右侧的文本框中为选择的图层重新命名。

◆ 颜色：在其右侧的颜色下拉列表中选择一种颜色，即可定义当前所选图层中被选择的图形的变换控制框颜色。另外，用户若双击其右侧的颜色图标，将弹出"颜色"对话框，用户可在该对话框中选择或创建自定义的颜色，从而自定义当前所选图层中被选择的图形的变换控制框颜色。

◆ 模板：选中该复选框，即可将当前图层转换为模板。当图层转换为模板后，其"切换可视性"图标 👁 将呈 🔲 图标，同时该图层将被锁定，并且该图层名称的字体将呈倾斜状。

◆ 显示：选中该复选框，即可显示当前图层中的对象；若取消选中该复选框，将隐藏当前图层中的对象。

◆ 预览：选中该复选框，系统将以预览的形式显示当前工作图层中的对象；若取消选中该复选框，将以线条的形式显示当前图层中的对象，并且当前图层名称前面的 ● 图标将变成 ○ 图标。

◆ 锁定：选中该复选框，将锁定当前图层中的对象，并在图层名称的前面显示锁定图标 🔒。图层被锁定后，将不可对其图形进行编辑或选择操作。

◆ 打印：选中该复选框，在输出打印时，将打印当前图层中的对象；若取消选中该复选框，该图层中的对象将无法打印，并且该图层名称的字体将呈倾斜状。

◆ 变暗图像至：选中该复选框，将可使当前图层中的图像变淡显示，其右侧的文本框用于设置图形变淡显示的程度，当然，"变暗图像至"选项只能使当前图层中的图形变淡显示，但在打印和输出时，效果不会发生变化。

首先，用户确认一幅需要编辑的素材图像，打开"图层"面板，将鼠标指针移至"图层1"面板上，双击鼠标左键，弹出"图层选项"对话框，设置"名称"为"心形"，选中"显示""打印""预览"复选框，如图9-10所示。

图 9-10 设置选项

双击"颜色"文本框右侧的颜色块，弹出"颜色"对话框，在其中选择需要的颜色，如图9-11所示。

图 9-11 选择颜色

依次单击"确定"按钮，即可完成图层选项的设置，如图9-12所示。

图 9-12 更改图层选项

用与前面几步同样的方法，为"图层2"设置相应的图层选项，如图9-13所示。

图 9-13 更改图层选项

专家指点

在绘制图形的过程中，某些图层中包含了子图层，若用户在子图层上双击鼠标左键，则会弹出"选项"对话框，在其中可以设置子图层的名称和显示等属性。

9.2.2 实战——显示与隐藏图层

为了便于在图形窗口中绘制或编辑具有多个元素的图形对象，用户可以通过隐藏图层的方法在图形窗口中隐藏图层中的图形对象。

1. 隐藏图层

隐藏图层的操作方法有3种，分别如下。

◆ 在"图层"面板中，单击需要隐藏的图层名称前面的"切换可视性"图标 ◉，即可快速隐藏该图层，并且隐藏的图层名称前面的 ◉ 图标将呈　形状。

◆ 在"图层"面板中，选择不需要隐藏的图层，单击面板右上角的 ☰ 按钮，在弹出的面板菜单中选择"隐藏其他图层"选项，即可隐藏未选择的图层。

◆ 在"图层"面板中，选择不需要隐藏的图层，按住【Alt】键的同时，单击该图层名称前面的"切换可视性"图标 ◉，即可隐藏除选择的图层以外的图层。

2. 显示隐藏的图层

显示隐藏的图层的操作方法有3种，分别如下。

◆ 用户若需要显示隐藏的图层，则在"图层"面板中，单击其图层名称前面的"切换可视性"图标　即可。

◆ 在"图层"面板中选择任意一个图层，单击面板右上角的 ☰ 按钮，在弹出的面板菜单中选择"显示所有图层"选项，即可显示所有隐藏的图层。

◆ 在"图层"面板中，按住【Alt】键的同时在任意一个图层的"切换可视性"图标处单击鼠标左键，即可显示所有隐藏的图层。

素材位置	素材＞第9章＞9.2.2.ai
效果位置	无
视频位置	视频＞第9章＞9.2.2　实战——显示与隐藏图层.mp4

01 单击"文件"｜"打开"命令，打开一幅素材图像，打开"图层"面板，将鼠标指针移至"雨伞"图层左侧的"切换可视性"图标 ◉ 上，如图9-14所示。

图 9-14　移动鼠标指针

02 单击鼠标左键，"切换可视性"图标呈 形状，如图9-15所示，表示该图层被隐藏。

图 9-15　隐藏图层

03 执行操作的同时，图像窗口中的图形随之被隐藏，效果如图9-16所示。

图 9-16　隐藏图层效果

04 在"雨伞"图层的"切换可视性"图标上单击鼠标左键，当"切换可视性"图标呈 形状时，即可显示该图层，如图9-17所示。

图 9-17　显示图层效果

9.2.3 实战——粘贴对象到原图层

如果要将对象粘贴到原图层中，可以在"图层"面板菜单中选择"粘贴时记住图层"选项，然后再进行粘贴操作，对象会粘贴至原图层中，而不管该图层在"图层"面板中是否处于选择状态。

素材位置	素材 > 第 9 章 >9.2.3.ai
效果位置	效果 > 第 9 章 >9.2.3.ai
视频位置	视频 > 第 9 章 >9.2.3 实战——粘贴对象到原图层 .mp4

01 单击"文件"｜"打开"命令，打开一幅素材图像，如图9-18所示。

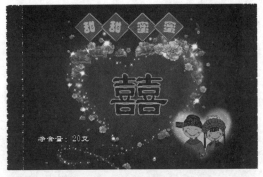

图 9-18　打开素材图像

02 使用选择工具选择相应的图形对象，如图9-19所示。

图 9-19　选择图形对象

03 打开"图层"面板，单击右上角的 按钮，在弹出的面板菜单中选择"粘贴时记住图层"选项，如图9-20所示。

04 单击"编辑"｜"复制"命令，如图9-21所示，复制所选的图形对象。

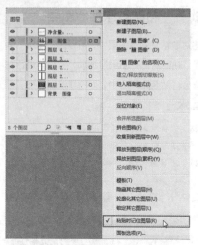

图 9-20 选择"粘贴时记住图层"选项

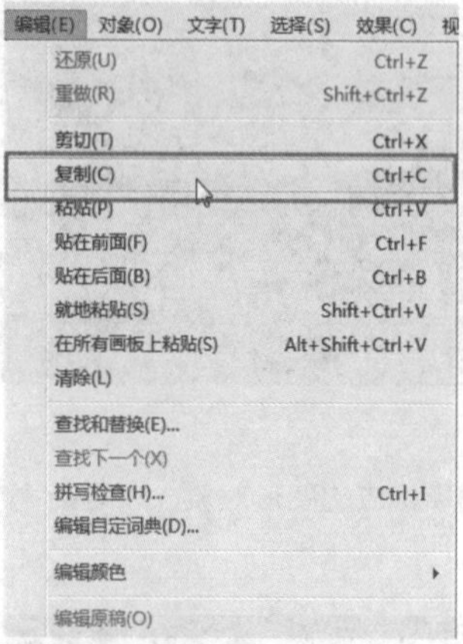

图 9-23 "图层"面板

9.2.4 实战——合并图层 重点

在使用Illustrator CC 2017绘制或编辑图层时，过多的图层将占用许多的内存资源，所以有时需要合并多个图层。

在"图层"面板中选择多个需要合并的图层，单击面板右上角的≡按钮，在弹出的面板菜单中选择"合并所选图层"选项，即可合并选择的图层。

素材位置	素材 > 第 9 章 >9.2.4.ai
效果位置	效果 > 第 9 章 >9.2.4.ai
视频位置	视频 > 第 9 章 >9.2.4 实战——合并图层 .mp4

01 单击"文件"｜"打开"命令，打开一幅素材图像，如图9-24所示。

图 9-24 打开素材图像

02 打开"图层"面板，按住【Ctrl】键的同时，在"图层"面板中选中需要合并的图层，如图9-25所示。

图 9-25 选中需合并的图层

图 9-21 单击"复制"命令

05 单击"编辑"｜"粘贴"命令，粘贴图形对象，适当调整其大小和位置，如图9-22所示。

图 9-22 粘贴图形对象

06 展开"图层"面板，可以看到对象会粘贴至原图层中，如图9-23所示。

03 单击面板右上角的 ≣ 按钮，在面板菜单中选择"合并所选图层"选项，所选择的图层合并为一个图层，如图9-26所示。

04 单击"西瓜"图层左侧的三角按钮 ，所合并的图层以子图层的方式显示，如图9-27所示。

图 9-26 合并图层

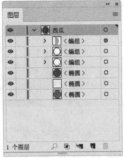

图 9-27 显示子图层

9.2.5 删除图层

对于"图层"面板中不需要的图层，用户可以在面板中快捷地将其删除。删除图层的操作方法有两种，分别如下。

◆ 在"图层"面板中，选择需要删除的图层（若用户需要删除多个图层，可按住【Ctrl】键的同时，依次用鼠标选择附加的非相邻图层；若按住【Shift】键，则可用鼠标选择附加的相邻图层），单击"图层"面板底部的"删除图层"按钮 ，弹出询问框，如图9-28所示，单击"是"按钮，即可删除选择的图层。

图 9-28 询问框

◆ 在"图层"面板中选择需要删除的图层，并用鼠标直接将其拖曳至面板底部的"删除图层"按钮 处，即可快速删除选择的图层。用户若需要删除图层中的图形对象，首先在"图层"面板中选择该图层对象，如图9-29所示，单击"删除图层"按钮，此时Illustrator将不会弹出询问框，而是即刻删除该图层对象，如图9-30所示。

图 9-29 单击"删除图层"按钮　图 9-30 删除图层

9.3 使用图层混合模式

选择图形或图像后，可以在"透明度"面板中设置它的混合模式和不透明度。混合模式决定了当前对象与它下面的对象堆叠时是否混合及采用什么方式混合。

9.3.1 实战——使用"变暗"与"变亮"的混合模式 【重点】

"变暗"与"变亮"是两种效果恰好相反的混合模式，运用这两种混合模式时，应当注意它们不是图形之间的色彩混合后的效果。因此，在绘制图形时，要把握好图形的色彩明度。

素材位置	素材＞第 9 章＞9.3.1.ai
效果位置	效果＞第 9 章＞9.3.1.ai
视频位置	视频＞第 9 章＞9.3.1 实战——使用"变暗"与"变亮"的混合模式 .mp4

01 单击"文件"｜"打开"命令，打开素材图像，选中相应图形，如图9-31所示。

图 9-31 打开素材图像

02 单击"窗口"｜"透明度"命令，调出"透明度"面板，单击"混合模式"列表框右侧的下拉按钮 ˅，在弹出的下拉列表框中选择"变暗"选项，如图9-32所示。

图9-32 选择"变暗"选项

03 执行操作后，所选择的图形在图像窗口中的效果随之改变，如图9-33所示。

04 选中图形，选择"变亮"混合模式选项，即可得到另一个不同的图像效果，如图9-34所示。

图9-33 "变暗"混合模式效果　　图9-34 "变亮"混合模式效果

9.3.2 实战——使用"正片叠底"与"叠加"的混合模式　重点

　　使用"正片叠底"混合模式可以使所选择的图形颜色比原图形颜色更暗，而"叠加"混合模式可以使所选择的图形的亮部颜色变得更亮，而暗部颜色则更暗淡。

素材位置	素材＞第9章＞9.3.2.ai
效果位置	效果＞第9章＞9.3.2.ai
视频位置	视频＞第9章＞9.3.2　实战——使用"正片叠底"与"叠加"的混合模式.mp4

01 单击"文件"｜"打开"命令，打开一幅素材图像，如图9-35所示。

图9-35 打开素材图像

02 使用选择工具选中图像窗口中需要进行混合模式设置的图形，利用"透明度"面板，在"混合模式"列表框中选择"正片叠底"选项，所选图形在图像窗口中的效果随之改变，如图9-36所示。

图9-36 "正片叠底"混合模式效果

03 选中图形，选择"叠加"混合模式选项，即可得到另一个不同的图像效果，如图9-37所示。

图9-37 "叠加"混合模式效果

9.3.3 实战——使用"柔光"与"强光"的混合模式

使用"柔光"混合模式时，若选择的图形颜色超过了50%的灰色，则下方的图形颜色变暗；若低于50%的灰色，则可以使下方的图形颜色变亮。

使用"强光"混合模式时，若选择的图形颜色超过了50%的灰色，则下方的图形颜色变亮；若低于50%的灰色，则可以使下方的图形颜色变暗。

素材位置	素材 > 第 9 章 >9.3.3.ai
效果位置	效果 > 第 9 章 >9.3.3.ai
视频位置	视频 > 第 9 章 >9.3.3　实战——使用"柔光"与"强光"的混合模式 .mp4

01 单击"文件" | "打开"命令，打开一幅素材图像，如图9-38所示。

图 9-38　打开素材图像

02 选取工具面板中的矩形工具，在"颜色"面板中设置CMYK的参数值为0%、100%、0%、0%，在图像窗口中绘制一个合适的矩形图形，并选中该图形，如图9-39所示。

图 9-39　绘制并选中图形

03 在"透明度"面板的"混合模式"列表框中选择"柔光"选项，所选图形在图像窗口中的效果随之改变，如图9-40所示。

图 9-40　"柔光"混合模式效果

04 选中图形，在"透明度"面板的"混合模式"列表框中选择"强光"选项，即可得到一个不同的图像效果，如图9-41所示。

图 9-41　"强光"混合模式效果

9.3.4 实战——使用"明度"与"混色"的混合模式

"明度"主要是将选择的图形与其下方图形的颜色色相、饱和度进行混合。若选择的图形与其下方图形的颜色色调都较暗，则混合效果也会较暗。

"混色"主要是将选择的图形与其下方图形的颜色色调、饱和度进行互换。若下方图形的颜色为灰度，进行"混色"后下方图形将无任何变化。

素材位置	素材 > 第 9 章 >9.3.4.ai
效果位置	效果 > 第 9 章 >9.3.4.ai
视频位置	视频 > 第 9 章 >9.3.4　实战——使用"明度"与"混色"的混合模式 .mp4

01 单击"文件"|"打开"命令，打开一幅素材图像，如图9-42所示。

图 9-42 打开素材图像

02 运用选择工具选择图像中的圆形对象，如图9-43所示。

图 9-43 选择圆形对象

03 选中所绘制的图形，利用"透明度"面板，在"混合模式"列表框中选择"明度"选项，所选图形在图像窗口中的效果随之改变，如图9-44所示。

图 9-44 "明度"混合模式效果

04 选中图形，选择"混色"混合模式选项，即可得到另一个不同的图像效果，如图9-45所示。

图 9-45 "混色"混合模式效果

9.3.5 使用"色相"与"饱和度"混合模式 进阶

"色相"混合模式是采用底色的亮度、饱和度及绘图色的色相来创建最终色，"饱和度"混合模式与"色相"混合模式的混合方式相似。

首先确定需要编辑的素材图像，然后利用"透明度"面板，在"混合模式"列表框中选择"色相"选项，所选图形在图像窗口中的效果随之改变，如图9-46所示。

图 9-46 "色相"混合模式效果

选中图形，选择"饱和度"混合模式选项，即可得到另一个不同的图像效果，如图9-47所示。

图 9-47 "饱和度"混合模式效果

9.4 使用图层蒙版

蒙版在英文中的拼写是MASK（面具），它的工作原理与面具一样，把不想看到的地方遮挡起来，只透过蒙版的形状来显示想要看到的部分。更准确地说，蒙版可以裁切图形中的部分线稿，从而只有一部分线稿可以透过创建的一个或者多个形状显示。

9.4.1 实战——创建与编辑图层蒙版 重点

蒙版可以用线条、几何形状及位图图像来创建，也可以通过复合图层和文字来创建一个蒙版。

在Illustrator CC 2017中，用户可通过单击"对象"｜"剪切蒙版"｜"建立"命令，对图形进行遮挡，从而达到创建蒙版的效果。

素材位置	素材 > 第 9 章 >9.4.1（1）.ai、9.4.1（2）.ai
效果位置	效果 > 第 9 章 >9.4.1.ai
视频位置	视频 > 第 9 章 >9.4.1 实战——创建与编辑图层蒙版 .mp4

01 单击"文件"｜"打开"命令，打开两幅素材图像，如图9-48、图9-49所示。

图 9-48 相框素材

图 9-49 风景素材

02 将相框素材图像复制到风景素材图像的文档中，并

调整相框与风景素材的大小与位置；选取工具面板中的矩形工具，设置"填色"为"无"，"描边"为黑色，"描边粗细"为3pt，在图像窗口中绘制一个与相框一样大小的矩形框，如图9-50所示。

图 9-50 矩形黑色边框

03 按【Ctrl＋A】组合键，选中图像窗口中的所有图形，单击"对象"｜"剪切蒙版"｜"建立"命令，即可为图像创建剪切蒙版，如图9-51所示。

图 9-51 创建剪切蒙版

专家指点

创建蒙版除了使用命令外，还可以在选择了需要建立剪切蒙版的图形后，在图像窗口中单击鼠标右键，并在弹出的快捷菜单中选择"建立剪切蒙版"选项。

若用户对创建的蒙版位置不满意时，首先使用工具面板中的直接选择工具，在图形窗口中选择该蒙版，然后直接拖曳至所需的位置即可，而且其下方的对象不会发生变化。选中创建剪切蒙版的图形，调整其位置或路径形状，也可以改变蒙版的效果。

9.4.2 实战——使用文字创建图层蒙版

使用文字创建蒙版，可以做出一些意想不到的效果，创建蒙版的图形通常位于图像窗口中的最顶层，它可以是单一的路径，也可以是复合路径，选中需要创建蒙版的图形后，单击"图层"面板右上角的三按钮，在弹出的菜单列表中选择"建立剪切蒙版"选项,即可为图形创建剪切蒙版。

素材位置	素材 > 第 9 章 >9.4.2.ai
效果位置	效果 > 第 9 章 >9.4.2.ai
视频位置	视频 > 第 9 章 >9.4.2 实战——使用文字创建图层蒙版 .mp4

01 单击"文件"|"打开"命令,打开一幅素材图像,如图9-52所示。

图 9-52 打开素材图像

02 按【Ctrl+A】组合键,选中图像窗口中的所有图形,如图9-53所示。

图 9-53 选中所有图形

03 单击"对象"|"剪切蒙版"|"建立"命令,即可创建文字剪切蒙版,如图9-54所示。

图 9-54 创建剪切蒙版

9.4.3 实战——创建不透明蒙版

若想使创建的不透明蒙版达到良好的图像效果,将绘制的图形填充为黑白色是最佳选择。若图形的颜色为黑色,则图像呈完全透明状态;若图形的颜色为白色,则图像呈半透明状态。图形的灰色度越高,则图像越透明。

素材位置	素材 > 第 9 章 >9.4.3.ai
效果位置	效果 > 第 9 章 >9.4.3.ai
视频位置	视频 > 第 9 章 >9.4.3 实战——创建不透明蒙版 .mp4

01 单击"文件"|"打开"命令,打开一幅素材图像,如图9-55所示。

图 9-55 打开素材图像

02 选取工具面板中的椭圆工具 ◯,在图像窗口中的合适位置绘制一个椭圆形,再在"渐变"面板中,设置"渐变填充"为Black White Radial,"类型"为径向,单击"反向渐变"按钮 ⬚,将填充的渐变色进行反向,如图9-56所示。

图 9-56 绘制椭圆

03 按【Ctrl＋A】组合键，选中图像窗口中的所有图形，调出"透明度"面板，单击面板右上角的≡按钮，在弹出的菜单列表框中选择"新建不透明蒙版为剪切蒙版"选项，再次单击面板右上角的≡按钮，在菜单列表框中选择"建立不透明蒙版"选项，如图9-57所示。

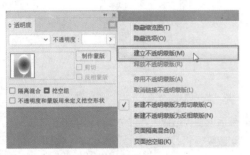

图 9-57 选择"建立不透明蒙版"选项

04 执行操作后，即可为图像创建不透明蒙版，效果如图9-58所示。

图 9-58 创建不透明蒙版

9.4.4 实战——创建反相蒙版

反相蒙版与不透明蒙版相似，建立反相蒙版图形的白色区域可以将其下方的图形遮盖，而黑色区域下方的图形则呈完全透明状态。

专家指点

用户在创建了不透明蒙版和反相蒙版后，选中建立蒙版的图形，"透明度"面板中的"剪切"和"反相"复选框呈选中状态，若用户取消复选框的选中状态，则可以取消剪切蒙版和反相蒙版，但不透明蒙版不会取消，除非单击面板右上角的按钮，在弹出的菜单列表框中选择"释放不透明蒙版"选项。

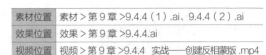

素材位置	素材＞第 9 章＞9.4.4（1）.ai、9.4.4（2）.ai
效果位置	效果＞第 9 章＞9.4.4.ai
视频位置	视频＞第 9 章＞9.4.4 实战——创建反相蒙版 .mp4

01 单击"文件"｜"打开"命令，打开两幅素材图像，如图9-59、图9-60所示。

图 9-59 人物素材

图 9-60 背景素材

02 将背景素材图像复制到人物素材图像的文档中，并调整背景与人物素材的位置，如图9-61所示。

图 9-61 拖入背景素材

03 按【Ctrl+A】组合键，选中图像窗口中的所有图形，展开"透明度"面板，单击面板右上角的 ☰ 按钮，在弹出的菜单列表框中选择"新建不透明蒙版为反相蒙版"选项，再次单击面板右上角的 ☰ 按钮，在菜单列表框中选择"建立不透明蒙版"选项，即可为图像创建反相蒙版，如图9-62所示。

图 9-62 创建反相蒙版

9.4.5 释放蒙版效果　　　　进阶

　　用户若对创建的蒙版效果不满意，需要重新对蒙版中的对象进行进一步编辑时，就需要先释放蒙版效果，然后再对对象进行编辑。释放蒙版效果的操作方法有5种，分别如下。

◆ 方法1：使用选择工具 ▶，在图形窗口中选择需要释放的蒙版，单击"图层"面板底部的"建立/释放剪切蒙版"按钮 ▣，即可释放创建的剪切蒙版。

◆ 方法2：使用选择工具 ▶，在图形窗口中选择需要释放的蒙版，在窗口中的任意位置处单击鼠标右键，在弹出的快捷菜单中选择"释放剪切蒙版"选项，即可释放创建的剪切蒙版。

◆ 方法3：使用选择工具 ▶，在图形窗口中选择需要释放的蒙版，单击"对象" | "剪切蒙版" | "释放"命令，即可释放创建的剪切蒙版。

◆ 方法4：使用选择工具 ▶，选择需要释放剪切蒙版的图形，按【Alt+Ctrl+7】组合键，即可释放蒙版。

◆ 方法5：使用选择工具 ▶，选择需要释放剪切蒙版的图形，单击"图层"面板右上角的 ☰ 按钮，在弹出的菜单列表框中选择"释放剪切蒙版"选项，即可释放蒙版。

01 用户需要确定一幅素材图像，如图9-63所示。

图 9-63 确定素材图像

02 然后，使用选择工具选中图形，单击"对象" | "剪切蒙版" | "释放"命令，即可释放图像中的剪切蒙版，如图9-64所示。

图 9-64 释放蒙版

9.4.6 实战——取消不透明蒙版链接

　　在Illustrator CC 2017中创建不透明蒙版后，用户可以通过"透明度"面板来停用和激活不透明蒙版。

素材位置	素材 > 第 9 章 > 9.4.6.ai
效果位置	效果 > 第 9 章 > 9.4.6.ai
视频位置	视频 > 第 9 章 > 9.4.6 实战——取消不透明蒙版链接 .mp4

01 单击"文件" | "打开"命令，打开一幅素材图像，如图9-65所示。

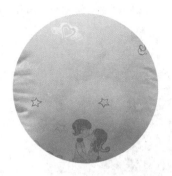

图 9-65　打开素材图像

02 使用选择工具选中图形，打开"透明度"面板，单击"指示不透明蒙版链接到图稿"图标**8**，如图9-66所示。

图 9-66　"透明度"面板

03 执行操作后，即可取消链接，如图9-67所示。

图 9-67　取消链接

04 在文档中适当调整对象的位置，效果如图9-68所示。

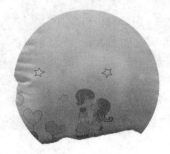

图 9-68　调整位置

9.4.7　实战——剪切不透明蒙版　进阶

在默认情况下，新创建的不透明蒙版为剪切状态，即蒙版对象以外的内容都被剪切掉了，此时在"透明度"面板中，"剪切"选项为选中状态。

如果取消"剪切"选项的选中状态，则可在遮盖对象的同时，让蒙版对象以外的内容显示出来。

素材位置	素材 > 第 9 章 >9.4.7.ai
效果位置	效果 > 第 9 章 >9.4.7.ai
视频位置	视频 > 第 9 章 >9.4.7　实战——剪切不透明蒙版.mp4

01 单击"文件"｜"打开"命令，打开一幅素材图像，如图9-69所示。

图 9-69　打开素材图像

02 使用选择工具选中图形，打开"透明度"面板，如图9-70所示。

图 9-70　"透明度"面板

03 取消选中"剪切"复选框，如图9-71所示。

图 9-71　取消选中"剪切"复选框

04 执行操作后，即可显示蒙版对象以外的内容，效果如图9-72所示。

图 9-72 显示蒙版对象以外的内容

9.5 习题测试

习题1 应用"颜色加深"与"颜色减淡"混合模式

素材位置	素材 > 第 9 章 > 习题 1.ai
效果位置	效果 > 第 9 章 > 习题 1.ai
视频位置	视频 > 第 9 章 > 习题 1：应用"颜色加深"与"颜色减淡"混合模式 .mp4

本习题需要练习"颜色加深"与"颜色减淡"混合模式的操作，素材与效果如图9-73所示。

图 9-73 素材与效果

习题2 应用"滤色"混合模式

素材位置	素材 > 第 9 章 > 习题 2.ai
效果位置	效果 > 第 9 章 > 习题 2.ai
视频位置	视频 > 第 9 章 > 习题 2：应用"滤色"混合模式 .mp4

本习题需要练习应用"滤色"混合模式的操作，素材与效果如图9-74所示。

图 9-74 素材与效果

习题3 应用"差值"混合模式

素材位置	素材 > 第 9 章 > 习题 3.ai
效果位置	效果 > 第 9 章 > 习题 3.ai
视频位置	视频 > 第 9 章 > 习题 3：应用"差值"混合模式 .mp4

本习题需要练习应用"差值"混合模式的操作，素材与效果如图9-75所示。

图 9-75 素材与效果

第 **10** 章

应用精彩多变的效果

在Illustrator CC 2017中，可以使用软件自带的效果为图形制作一些特殊的光照效果、带有装饰性的纹理效果，并可改变图形外观及添加特殊效果等。因此，它是制作各种图形特殊效果的重要工具。本章主要向读者介绍应用精彩多变效果的操作方法。

扫 码 观 看 本 章
实 战 操 作 视 频

课堂学习目标
- 应用常用的图形对象效果
- 应用其他图形对象效果

10.1 常用的图形对象效果

　　Illustrator CC 2017中的"效果"可以分为"Illustrator效果"和"Photoshop效果"，它是制作各种图形特殊效果的重要工具。

10.1.1 实战——制作图形"3D"效果 进阶

　　"3D"效果组可以将开放路径、封闭路径或是位图对象等转换为可以旋转、打光和投影的三维（3D）对象。在操作时，还可以将符号作为贴图投射到三维对象表面，以模拟真实的纹理和图案。

素材位置	素材 > 第 10 章 >10.1.1.ai
效果位置	效果 > 第 10 章 >10.1.1.ai
视频位置	视频 > 第 10 章 >10.1.1 实战——制作图形"3D"效果 .mp4

01 单击"文件"｜"打开"命令，打开一幅素材图像，并用直接选择工具 ▷ 选择图形，如图10-1所示。

图 10-1 打开素材图像

02 单击"效果"｜"3D"｜"凸出和斜角"命令，弹出"3D凸出和斜角选项"对话框，设置"位置"为"自定旋转"，再依次设置"旋转角度"为35°、

20°、5°，"凸出厚度"为15pt，设置相应斜角样式，并设置"高度"为4pt，如图10-2所示。

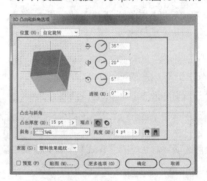

图 10-2 设置各选项

03 单击"确定"按钮，即可将设置的效果应用于图形中，如图10-3所示。

图 10-3 应用"凸出和斜角"效果

10.1.2 制作图形"变形"效果 重点

　　Illustrator CC 2017具有图形变形的功能。在当前图形窗口中选择一个矢量图形，单击"效果"｜"变形"｜"弧形"命令，弹出"变形选项"对话框，如图10-4所示。

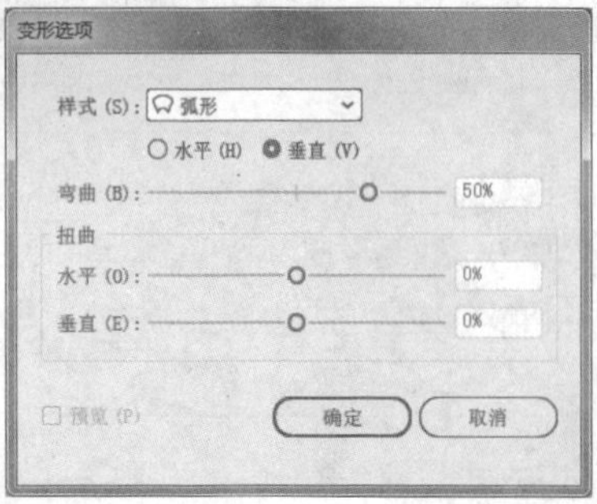

图 10-4 "变形选项"对话框

"变形选项"对话框中的主要选项含义如下。

◆ 样式：单击其右侧的下拉按钮，弹出各种变形样式，用户可在该列表中选择Illustrator CC 2017预设的图形变形效果。

◆ 弯曲：用于设置图形的弯曲程度。数值越大，则弯曲的程度也越大。

◆ 水平：用于设置图形在水平方向上扭曲的程度。数值越大，则图形在水平方向上扭曲的程度也越大。

◆ 垂直：用于设置图形在垂直方向上扭曲的程度。数值越大，则图形在垂直方向上扭曲的程度也越大。

运用"变形选项"对话框的"样式"下拉列表框中部分选项，对图形进行变形的效果如图10-5～图10-8所示。

图 10-5 正常素材图像

图 10-6 "鱼眼"变形效果

图 10-7 "凸壳"变形效果

图 10-8 "挤压"变形效果

10.1.3 实战——制作图形"扭曲与变换"效果

"扭曲与变换"效果组可以快速改变矢量对象的形状，这些效果不会永久改变对象的基本几何形状，可以随时修改或删除。

素材位置	素材 > 第 10 章 >10.1.3.ai
效果位置	效果 > 第 10 章 >10.1.3.ai
视频位置	视频 > 第 10 章 >10.1.3 实战——制作图形"扭曲与变换"效果 .mp4

01 单击"文件"丨"打开"命令，打开一幅素材图像，如图10-9所示。

图 10-9 打开素材图像

02 运用选择工具 ▶ 选择相应的图形对象，如图10-10所示。

图 10-10　选择图形对象

03 单击"效果"｜"扭曲与变换"｜"变换"命令，弹出"变换效果"对话框，然后设置"缩放"区域中的"水平"为150%，"垂直"为150%，如图10-11所示。

图 10-11　设置选项

04 单击"确定"按钮，即可将设置的效果应用于图形中，如图10-12所示。

图 10-12　图像效果

10.1.4　实战——制作图形"路径"效果

重点

"效果"｜"路径"下拉菜单中包含3个命令，分别是"位移路径""轮廓化对象"和"轮廓化描边"，它们用于编辑路径和描边。

素材位置	素材 > 第 10 章 >10.1.4.ai
效果位置	效果 > 第 10 章 >10.1.4.ai
视频位置	视频 > 第 10 章 >10.1.4　实战——制作图形"路径"效果 .mp4

01 单击"文件"｜"打开"命令，打开一幅素材图像，如图10-13所示。

图 10-13　打开素材图像

02 运用选择工具 ▶ 选择相应的图形对象，如图10-14所示。

图 10-14　选择图形对象

03 单击"效果"｜"路径"｜"位移路径"命令，弹出"偏移路径"对话框，设置"位移"为2mm，如图10-15所示。

图 10-15　设置选项

04 单击"确定"按钮，即可将设置的效果应用于图形中，如图10-16所示。

图 10-16　图像效果

10.1.5 制作图形"风格化"效果

"风格化"效果组可以为图形对象添加发光、投影、涂抹和羽化等外观样式。

确定素材图像后，选中相应素材图形，如图10-17所示。

图 10-17 选中素材图形

单击"效果"│"风格化"│"外发光"命令，弹出"外发光"对话框，设置"模式"为"正常"，"颜色"为黄色，"不透明度"为80%，"模糊"为20mm，如图10-18所示。

图 10-18 设置选项

单击"确定"按钮，即可将设置的效果应用于图形中，如图10-19所示。

图 10-19 应用"外发光"效果

10.1.6 制作图形"像素化"效果　重点

"像素化"效果组主要是按照指定大小的点或块，对图像进行平均分块或平面化处理，从而产生特殊的图像效果。

首先，用户需要确定一幅素材图像，选中需要制作效果的部分，如图10-20所示。

图 10-20 选择素材图像

在菜单栏中，单击"效果"│"像素化"│"铜版雕刻"命令，弹出"铜版雕刻"对话框，在"类型"列表框中选择"短描边"选项，如图10-21所示。

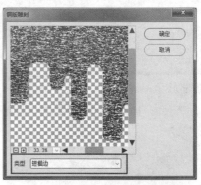

图 10-21 设置选项

单击"确定"按钮，即可将设置的效果应用于图形中，如图10-22所示。

图 10-22 应用"铜版雕刻"效果

10.1.7 实战——制作图形"扭曲"效果 重点

"扭曲"效果的主要作用是将图像按照一定的方式在几何意义上进行扭曲。

使用"扭曲"效果组中的相关滤镜效果，可以改变图像中的像素分布。由于该效果组对图像进行处理时，需要对各像素的颜色进行复杂的移位和插值运算，因此比较耗时；另一方面，该效果组中的效果产生的效果非常明显和强烈，并影响对图像所做的其他处理，所以用户在使用该效果组中的效果时，需要慎重选用，并对所能达到的变形效果和变形程度进行精细调整。

素材位置	素材 > 第 10 章 >10.1.7.ai
效果位置	效果 > 第 10 章 >10.1.7.ai
视频位置	视频 > 第 10 章 >10.1.7 实战——制作图形"扭曲"效果 .mp4

图 10-23　打开素材图像

01 单击"文件"｜"打开"命令，打开一幅素材图像，如图10-23所示。

02 按【Ctrl＋A】组合键，选择全部的图形对象，如图10-24所示。

图 10-24　选择图形对象

03 单击"效果"｜"扭曲"｜"玻璃"命令，弹出"玻璃"对话框，设置"扭曲度"为15，"平滑度"为5，其他保持默认设置即可，如图10-25所示。

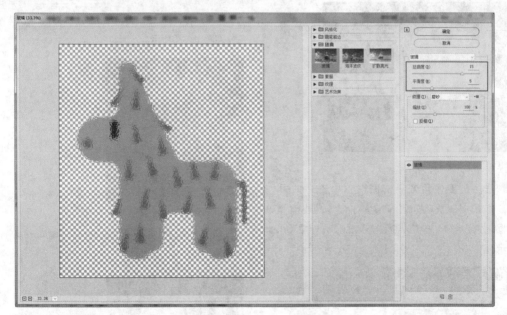

图 10-25　设置选项

04 单击"确定"按钮，即可将设置的效果应用于图形中，如图10-26所示。

图 10-26 应用"玻璃"效果

10.1.8 实战——制作图形"模糊"效果 <small>重点</small>

使用"模糊"滤镜组中的滤镜可以对图像进行模糊处理，从而去除图像中的杂色，使图像变得较为柔和平滑，通过该命令还可以突出图像中的某一部分。

素材位置	素材 > 第 10 章 >10.1.8.ai
效果位置	效果 > 第 10 章 >10.1.8.ai
视频位置	视频 > 第 10 章 >10.1.8 实战——制作图形"模糊"效果 .mp4

01 单击"文件"|"打开"命令，打开一幅素材图像，如图10-27所示。

图 10-27 打开素材图像

02 选中需要应用效果的图形，单击"效果"|"模糊"|"高斯模糊"命令，弹出"高斯模糊"对话框，在"半径"右侧的数值框中输入5，如图10-28所示。

图 10-28 设置选项

03 单击"确定"按钮，即可将设置的效果应用于图形中，如图10-29所示。

图 10-29 应用"高斯模糊"效果

10.1.9 实战——制作图形"画笔描边"效果

使用"画笔描边"效果组中的效果产生类似于不同的画笔和油墨笔触的效果，使图像产生精美的艺术外观，还可以为图像涂抹颜色。用户需要注意的是，"画笔描边"效果组中的效果不能对CMYK和HSB颜色模式的图像起作用。

素材位置	素材 > 第 10 章 >10.1.9.ai
效果位置	效果 > 第 10 章 >10.1.9.ai
视频位置	视频 > 第 10 章 >10.1.9 实战——制作图形"画笔描边"效果 .mp4

01 单击"文件"|"打开"命令，打开一幅素材图像，如图10-30所示。

图 10-30 打开素材图像

02 按【Ctrl+A】组合键，选择全部的图形对象，如图10-31所示。

图 10-31 选择图形对象

03 单击"效果"|"画笔描边"|"喷溅"命令,弹出"喷溅"对话框,保持默认设置即可,如图10-32所示。

图 10-32 设置选项

04 单击"确定"按钮,即可将设置的效果应用于图形中,如图10-33所示。

图 10-33 应用"画笔描边"效果

10.1.10 制作图形"素描"效果 重点

"素描"滤镜组中的滤镜使用当前设置的描边和填色来置换图像中的色彩,从而生成一种更为精确的图像效果。

确定一幅素材图像,选中需要制作效果的部分,如图10-34所示。

图 10-34 确定素材图像

单击"效果"|"素描"|"粉笔和炭笔"命令,弹出"粉笔和炭笔"对话框,设置"炭笔区"为7,"粉笔区"为10,"描边压力"为1,如图10-35所示。

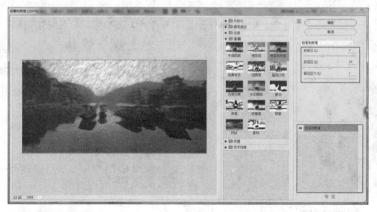

图 10-35 设置选项

单击"确定"按钮，即可将设置的效果应用于图形中，如图10-36所示。

图10-36 应用"粉笔和炭笔"效果

10.1.11 制作图形"纹理"效果

使用"纹理"效果组中的效果可以在图像上制作出各种类似于纹理及材质的效果，如添加木材、大理石纹理、马赛克、玻璃效果、瓷砖效果等，这些效果所添加的特效使得一幅位图图像好像是被画在各种不同的材质上面。

首先，用户需要确定一幅素材图像，选中需要制作效果的部分，如图10-37所示。

图10-37 确定素材图像

选中整幅图形，单击"效果"｜"纹理"｜"马赛克拼贴"命令，弹出"马赛克拼贴"对话框，设置"拼贴大小"为60，"缝隙宽度"为10，"加亮缝隙"为10，如图10-38所示。

图10-38 设置选项

单击"确定"按钮，即可将设置的效果应用于图形中，如图10-39所示。

图10-39 应用"马赛克拼贴"效果

10.1.12 实战——制作图形"艺术效果"效果

"艺术效果"滤镜组中有多达15种滤镜效果，它们主要是模仿不同画派的画家使用不同的画笔和介质所画出的不同风格的图像效果。

素材位置	素材 > 第 10 章 >10.1.12.ai
效果位置	效果 > 第 10 章 >10.1.12.ai
视频位置	视频 > 第 10 章 >10.1.12 实战——制作图形"艺术效果"效果 .mp4

01 单击"文件"|"打开"命令，打开一幅素材图像，如图10-40所示。

图10-40 打开素材图像

02 按【Ctrl＋A】组合键，选择全部的图形对象，如图10-41所示。

图10-41 选择图形对象

03 单击"效果"|"艺术效果"|"彩色铅笔"命令，弹出"彩色铅笔"对话框，保持默认设置，如图10-42所示。

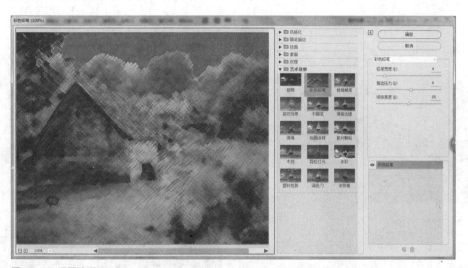

图10-42 设置选项

04 单击"确定"按钮，即可将设置的效果应用于图形中，如图10-43所示。

10-43 应用"彩色铅笔"效果

10.2 应用其他图形对象效果

有些效果可以将特别的外观应用至矢量图形或位图图像上。两个菜单在命令上很相似，但是在使用效果时会产生不同的结果。所以在使用之前，必须先了解这些效果的特点。本节主要向读者介绍Illustrator中其他效果的使用方法及特点。

10.2.1 实战——制作图形"栅格化"效果　　　　　　　　　　进阶

"栅格化"效果可以使矢量对象呈现位图的外观，但不会改变其矢量结构。

素材位置	素材 > 第 10 章 > 10.2.1.ai
效果位置	效果 > 第 10 章 > 10.2.1.ai
视频位置	视频 > 第 10 章 > 10.2.1 实战——制作图形"栅格化"效果 .mp4

01 单击"文件"｜"打开"命令，打开一幅素材图像，如图10-44所示。

图 10-44 打开素材图像

02 选取工具面板中的选择工具 ▶，选择相应的图形对象，如图10-45所示。

图 10-45 选择图形对象

03 单击"效果"｜"栅格化"命令，弹出"栅格化"对话框，选中"透明"单选按钮，如图10-46所示。

图 10-46 设置选项

04 单击"确定"按钮，即可将设置的效果应用于图形中，如图10-47所示。

图 10-47 应用"栅格化"效果

专家指点

如果一种效果在计算机屏幕上看起来很不错，但打印出来却丢失了一些细节或是出现锯齿状边缘，则需要提高文档栅格效果分辨率。

10.2.2 制作图形"裁剪标记"效果

"裁剪标记"效果可以在图形或图像上添加裁剪标记，以便于印刷图像的后期制作。

01 用户需要确定一幅素材图像，并选中需要制作效果的部分，如图10-48所示。

02 在菜单栏中，单击"效果"｜"裁剪标记"命令，如图10-49所示。

图 10-48 选择需要制作的图像　图 10-49 单击"裁剪标记"命令

03 执行操作后，即可以效果的形式创建裁剪标记，如图10-50所示。

图 10-50 应用"裁剪标记"效果

10.2.3 实战——制作图形"转换为形状"效果

"转换为形状"效果组可以将矢量对象转换为矩形、圆角矩形和椭圆形。

素材位置	素材 > 第 10 章 >10.2.3.ai
效果位置	效果 > 第 10 章 >10.2.3.ai
视频位置	视频 > 第 10 章 >10.2.3 实战——制作图形"转换为形状"效果 .mp4

01 单击"文件"｜"打开"命令，打开一幅素材图像，如图10-51所示。

图 10-51 打开素材图像

02 选取工具面板中的选择工具 ▶，选择相应的图形对象，如图10-52所示。

图 10-52 选择图形对象

03 单击"效果"｜"转换为形状"｜"圆角矩形"命令，弹出"形状选项"对话框，保持默认设置，如图10-53所示。

图 10-53 设置选项

04 单击"确定"按钮，即可将设置的效果应用于图形中，如图10-54所示。

图 10-54 图像效果

10.2.4 实战——制作图形"视频"效果 进阶

"视频"效果组属于Photoshop的外部接口程序，用来从摄像机输入图像或将图像输出到录像带上。其中，"NTSC颜色"效果用于匹配图像色域以适合NTSC视频颜色标准色域，使图像能够被视频接收；"逐行"效果可以清除图像中的奇数行或偶数行交错线来平滑视频图像。

素材位置	素材 > 第 10 章 >10.2.4.ai
效果位置	效果 > 第 10 章 >10.2.4.ai
视频位置	视频 > 第 10 章 >10.2.4 实战——制作图形"视频"效果 .mp4

01 单击"文件"｜"打开"命令，打开一幅素材图像，如图10-55所示。

图 10-55 打开素材图像

02 选取工具面板中的选择工具 ▶，选择相应的图形对象，如图10-56所示。

图 10-56 选择图形对象

03 单击"效果"|"视频"|"逐行"命令，弹出"逐行"对话框，保持默认设置，如图10-57所示。

图 10-57 "逐行"对话框

04 单击"确定"按钮，即可将设置的效果应用于图形中，如图10-58所示。

图 10-58 应用"逐行"效果

10.2.5 实战——为图形应用"效果画廊"效果

"效果画廊"是Illustrator CC 2017滤镜的一个集合体，在此对话框中包括了绝大部分的内置滤镜。

素材位置	素材 > 第 10 章 >10.2.5.ai
效果位置	效果 > 第 10 章 >10.2.5.ai
视频位置	视频 > 第 10 章 >10.2.5 实战——为图形应用"效果画廊"效果 .mp4

01 单击"文件"|"打开"命令，打开一幅素材图像，如图10-59所示。

图 10-59 打开素材图像

02 选取工具面板中的选择工具 ▶，选择相应图形，单击"效果"|"效果画廊"命令，在弹出的"滤镜库"对话框中选择"艺术效果"|"木刻"选项，如图10-60所示。

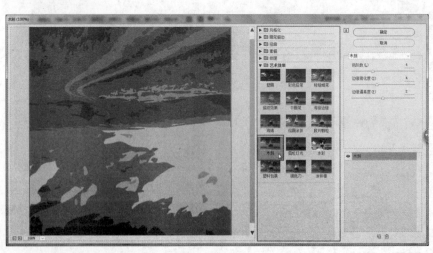

图 10-60 设置选项

03 单击"确定"按钮，即可应用该效果，如图10-61所示。

图 10-61 应用"木刻"效果

10.3 习题测试

习题1 应用"粗糙化"效果

素材位置	素材 > 第 10 章 > 习题 1.ai
效果位置	效果 > 第 10 章 > 习题 1.ai
视频位置	视频 > 第 10 章 > 习题1：应用"粗糙化"效果.mp4

本习题需要练习应用"粗糙化"效果的操作，素材与效果如图10-62所示。

图 10-62 素材与效果

习题2 应用"外发光"效果

素材位置	素材 > 第 10 章 > 习题 2.ai
效果位置	效果 > 第 10 章 > 习题 2.ai
视频位置	视频 > 第 10 章 > 习题 2：应用"外发光"效果.mp4

本习题需要练习应用"外发光"效果的操作，素材与效果如图10-63所示。

图 10-63 素材与效果

习题3 应用"晶格化"效果

素材位置	素材 > 第 10 章 > 习题 3.ai
效果位置	效果 > 第 10 章 > 习题 3.ai
视频位置	视频 > 第 10 章 > 习题 3：应用"晶格化"效果.mp4

本习题需要练习应用"晶格化"效果的操作，素材与效果如图10-64所示。

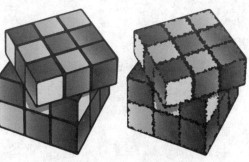

图 10-64 素材与效果

外观实际上是选择对象的外在表现形式，它与矢量图形本身的结构不一样，使用"外观"面板可以灵活地控制矢量图形；图形样式是外观属性的集合，它可以快捷、一致地改变图形的外观属性。本章主要介绍使用"外观"面板与"图形样式"面板的操作方法。

课堂学习目标

● 掌握"外观"面板的使用方法　　　● 掌握"图形样式"面板的使用方法

扫码观看本章
实战操作视频

11.1 使用"外观"面板

用户在改变图形外观的操作过程中，对象本身的结构不会发生变化。

11.1.1 实战——添加与编辑外观属性 重点

单击"窗口" | "外观"命令，或按【Shift + F6】组合键，弹出"外观"面板，如图11-1所示。

图 11-1　"外观"面板

"外观"面板中的各组件及按钮选项含义如下。

◆ "外观"面板中最上面一行状态：当图形窗口中没有被选中的对象时，该处显示为"未选择对象"；若在图形窗口中选择了文字，则该处显示为"文字"；若在图形窗口中选择了编组图形，则该处显示为"编组"；若选择了符号图形，则该处显示为"符号"。

◆ 图形外观属性区：该显示区主要显示当前选择的对象的外观属性，主要包括对象的轮廓、填色、透明度及效果等。

◆ 添加新描边 □：单击该按钮，可以为对象增加一个描边属性。

◆ 添加新填色 ■：单击该按钮，可以为对象增加一个填色属性。

◆ 添加新效果 fx.：单击该按钮，可在打开的下拉菜单中选择一个新效果。

◆ 清除外观 ◎：单击该按钮，图形窗口中选择的对象将呈无填色和无轮廓的状态。

素材位置	素材 > 第 11 章 >11.1.1.ai
效果位置	效果 > 第 11 章 >11.1.1.ai
视频位置	视频 > 第 11 章 >11.1.1 实战——添加与编辑外观属性 .mp4

01 单击"文件" | "打开"命令，打开一幅素材图像，选择图形对象，如图11-2所示。

02 选中相应图形，单击"窗口" | "外观"命令，调出"外观"面板，将鼠标指针移至"添加新填色"按钮上 ■，如图11-3所示。

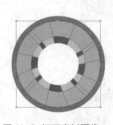

图 11-2　打开素材图像

图 11-3　添加外观属性

03 单击鼠标左键，即可添加"填色"和"描边"两个外观属性项目，单击"填色"颜色块右侧的下三角按钮，在弹出的"颜色"面板中选择填充颜色，如图11-4所示。

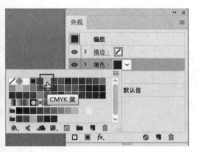

图 11-4　选择颜色

04 执行操作的同时，所选择的图形外观的颜色也随之改变，如图11-5所示。

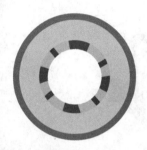

图 11-5　改变外观

专家指点

若用户所选择的图形在当前图像窗口中发生了变化，则"外观"面板上的显示状态也会随之变化，而通过添加和编辑外观属性，则可以保留原有的外观属性。选择图形后，只要在外观属性框上单击鼠标左键，即可展开该外观属性的编辑选项。

11.1.2 实战——复制外观属性

在Illustrator CC 2017中用户可以复制外观属性，复制外观属性有以下3种方法。

◆ 方法1：按住【Alt】键的同时，选中需要复制的外观属性项目，单击鼠标左键并拖曳，至两个项目之间时，释放鼠标左键，即可复制所选择的外观属性项目。

◆ 方法2：选中需要复制的外观属性项目后，单击面板右上角的 ≡ 按钮，在弹出的菜单列表框中选择"复制项目"，即可复制所选择的外观属性项目。

◆ 方法3：在"外观"面板中，选择需要的复制图形外观属性，单击面板下方的"复制所选项目"按钮 ，即可复制所选择的属性。

素材位置	素材 > 第 11 章 >11.1.2.ai
效果位置	效果 > 第 11 章 >11.1.2.ai
视频位置	视频 > 第 11 章 >11.1.2　实战——复制外观属性 .mp4

01 单击"文件"｜"打开"命令，打开一幅素材图像，如图11-6所示。

图 11-6　打开素材图像

02 在图像窗口中选中图形对象，如图11-7所示。

图 11-7　选中蛋糕

03 在"外观"面板中选择"填色"外观属性项目，并单击面板下方的"复制所选项目"按钮 ，即可复制该项目，如图11-8所示。

图 11-8　复制外观属性

04 设置所复制项目的颜色为粉红色，执行操作的同时，所选择的图形颜色也随之改变，如图11-9所示。

图 11-9 改变外观属性后的效果

11.1.3 实战——隐藏与删除外观属性

在Illustrator CC 2017中，用户可以删除图形外观属性，删除图形外观属性的操作方法也有3种，分别如下。

◆ 在"外观"面板中，选择需要删除的外观属性，单击面板底部的"删除所选项目"按钮 🗑，即可删除选择的外观属性。

◆ 在"外观"面板中，选择需要删除的外观属性，并直接将其拖曳至面板底部的"删除所选项目"按钮处，即可删除选择的外观属性。

◆ 在"外观"面板中，选择需要删除的外观属性，单击面板右侧的 ≡ 按钮，在弹出的面板菜单中选择"移去项目"选项，即可删除选择的外观属性（若用户选择"清除属性"选项，则会删除当前选择图形的所有外观属性）。

素材位置	素材 > 第 11 章 >11.1.3.ai
效果位置	效果 > 第 11 章 >11.1.3.ai
视频位置	视频 > 第 11 章 >11.1.3 实战——隐藏与删除外观属性 .mp4

01 单击"文件"｜"打开"命令，打开一幅素材图像，选中需要隐藏外观属性的图形，如图11-10所示。

图 11-10 选中图形

02 单击"描边"外观属性项目前的"切换可视性"图标，如图11-11所示。

图 11-11 单击"切换可视性"图标

03 执行操作的同时，所选图形的"描边"外观属性被隐藏，如图11-12所示。

图 11-12 隐藏"描边"外观属性

04 在图像窗口中选中需要删除外观属性的图形，再在"外观"面板中选中需要删除的外观属性项目，单击面板下方的"删除所选项目"按钮 🗑，即可将所选择图形的"填色"外观属性删除，如图11-13所示。

图 11-13 删除外观属性

专家指点

若用户在选择外观属性项目后，直接按【Delete】按钮，所删除的是所选择的图形，而不是图形的外观属性。

11.1.4 实战——调整外观属性的顺序

除了对外观属性直接进行顺序调整外，还可以对其选项的顺序进行调整。选中需要选择的选项，单击鼠标左键并拖曳至其他外观属性项目中即可，若只是在原来的项目中进行顺序调整，图形的效果将无任何变化。

素材位置	素材 > 第 11 章 >11.1.4.ai
效果位置	效果 > 第 11 章 >11.1.4.ai
视频位置	视频 > 第 11 章 >11.1.4 实战——调整外观属性的顺序 .mp4

01 单击"文件"｜"打开"命令，打开一幅素材图像，并运用直接选择工具▷选中需要调整外观属性的图形，如图11-14所示。

02 在"外观"面板中选择一种"填色"外观属性项目，单击鼠标左键并向下拖曳，如图11-15所示。

图 11-14 选中图形　　图 11-15 拖曳鼠标

03 至"填色"与"不透明度"外观属性项目之间时，释放鼠标，所选择图形的外观效果也随之改变，如图11-16所示。

图 11-16 图形效果

11.1.5 实战——修改图形的外观属性

在相应的外观属性项目上单击控制按钮›，即可展开该项目中所应用的效果，若鼠标指针移至外观属性名称上，则单击鼠标左键；若鼠标指针移至空白区域，则双击鼠标左键，即可弹出相应对话框。

素材位置	素材 > 第 11 章 >11.1.5.ai
效果位置	效果 > 第 11 章 >11.1.5.ai
视频位置	视频 > 第 11 章 >11.1.5 实战——修改图形的外观属性 .mp4

01 单击"文件"｜"打开"命令，打开一幅素材图像，运用选择工具▶选中图标底层图形，如图11-17所示。

图 11-17 选中图形

02 在"外观"面板中显示了图形效果的外观属性，将鼠标指针移至"投影"外观属性项目名称上，如图11-18所示。

图 11-18 图形外观属性

03 双击鼠标左键，弹出"投影"对话框，设置"不透明度"为30%，如图11-19所示。

图 11-19 设置选项

04 单击"确定"按钮，所选择图形的外观效果随之改变，如图11-20所示。

图 11-20 图形外观效果

11.2 使用"图形样式"面板

图形样式是一组可反复使用的外观属性，它可以对图形执行一系列的外观属性，这一特性可以快速而一致地改变图形轮廓的外观。

11.2.1 实战——创建新的图形样式 重点

图层样式是一系列外观属性的集合，如颜色、透明、填充图案、效果及变形。用户可通过"图形样式"面板完成创建、命名、存储及将样式应用至对象上等各项操作。

另外，用户使用"图形样式"面板中的样式可以快速更改图形的外观，例如更改对象的填色和描边颜色，更改透明度，还可以在一个步骤中应用多种效果。

素材位置	无
效果位置	效果 > 第 11 章 >11.2.1.ai
视频位置	视频 > 第 11 章 >11.2.1 实战——创建新的图形样式.mp4

01 新建文档，选取工具面板中的矩形工具，在图像窗口中绘制一个矩形框，设置"填色"为"无"，"描边"为橙色，"描边粗细"为2pt，效果如图11-21所示。

图 11-21 绘制矩形框

02 调出"画笔"面板中的"边框_装饰"浮动面板，选中"前卫"画笔笔触，如图11-22所示。

03 将该画笔笔触应用于矩形框上，效果如图11-23所示。

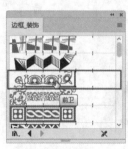

图 11-22 选中"前卫"画笔笔触

图 11-23 应用画笔笔触效果

04 再在"画笔"面板中的"前卫"笔触上双击鼠标左键，如图11-24所示。

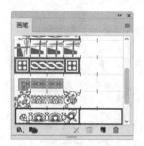

图 11-24 双击"前卫"画笔笔触

05 在弹出的对话框中设置"方法"为"色相转换"，如图11-25所示。

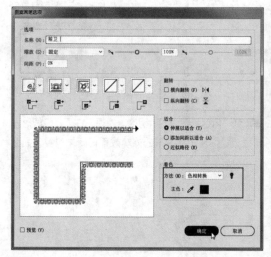

图 11-25 设置"方法"选项

06 单击"确定"按钮，图形效果如图11-26所示。

07 调出"图形样式"浮动面板，并单击面板下方的"新建图形样式"按钮，即可创建新的图形样式，如图11-27所示。

图 11-26 应用效果

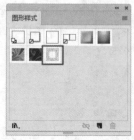

图 11-27 创建图形样式

在默认情况下，新建的图形样式的名称为"图形样式 1"，若在该图形样式上双击鼠标左键，则会弹出"图形样式选项"对话框，在"样式名称"对话框中输入新名称后，单击"确定"按钮即可。

11.2.2　实战——复制与删除图形样式

当用户在面板中选择了需要复制的图形样式后，单击面板下方的"新建图形样式"按钮 ，同样可以复制所选择的图形样式。

素材位置	素材 > 第 11 章 >11.2.2.ai
效果位置	效果 > 第 11 章 >11.2.2.ai
视频位置	视频 > 第 11 章 >11.2.2　实战——复制与删除图形样式 .mp4

01 单击"文件"｜"打开"命令，打开一幅素材图像，如图11-28所示。

02 在"图形样式"面板中选中需要复制的图形样式，如图11-29所示。

图 11-28　素材图像　　　图 11-29　选中图形样式

03 单击面板右上角的 按钮，在弹出的菜单列表框中选择"复制图形样式"选项，如图11-30所示。

图 11-30　选择"复制图形样式"选项

04 执行上述操作后，即可复制所选择的图形样式，如图11-31所示。

图 11-31　复制图形样式

05 选中需要删除的图形样式，单击面板右上角的 按钮，在菜单列表框中选择"删除图形样式"选项，如图11-32所示。

图 11-32　选择"删除图形样式"选项

06 弹出信息提示框，单击"是"按钮，即可删除所选择的图形样式，如图11-33所示。

图 11-33　删除图形样式

11.2.3　实战——合并选择的图形样式

使用Illustrator CC 2017绘制或编辑图形的操作过

程中，常常需要合并两种或更多的样式，从而得到更加美观的样式效果。

素材位置	素材 > 第 11 章 >11.2.3.ai
效果位置	效果 > 第 11 章 >11.2.3.ai
视频位置	视频 > 第 11 章 >11.2.3 实战——合并选择的图形样式 .mp4

01 单击"文件"｜"打开"命令，打开一幅素材图像，如图11-34所示。

图 11-34 打开素材图像

02 在"图形样式"面板中，按住【Ctrl】键的同时，选中需要合并的图形样式，如图11-35所示。

图 11-35 选中图形样式

03 单击面板右上角的 ≡ 按钮，在菜单列表框中选择"合并图形样式"选项，如图11-36所示。

图 11-36 选择"合并图形样式"选项

04 弹出"图形样式选项"对话框，在"样式名称"中输入相应的名称，如图11-37所示。

图 11-37 "图形样式选项"对话框

05 单击"确定"按钮，即可合并所选择的图形样式，如图11-38所示。

图 11-38 合并图形样式

06 在图像窗口中选中需要应用图形样式的图形后，再单击合并的图形样式，即可将合并的图形样式应用于图形中，如图11-39所示。

图 11-39 应用图形样式

专家指点

在合并图形样式时，除了默认图形样式外，用户可以将其他的图形样式全部合并，默认的图形样式既不能复制也不能删除，可以将其应用于所选择的图形中。

11.2.4 实战——添加文字图形样式

在图像窗口中创建文字后，若对文字进行了创建轮廓的操作，再应用图形样式，该文字的图形样式效果与未创建轮廓的文字并应用图形样式的效果有所不同。

素材位置	素材 > 第 11 章 >11.2.4.ai
效果位置	效果 > 第 11 章 >11.2.4.ai
视频位置	视频 > 第 11 章 >11.2.4 实战——添加文字图形样式 .mp4

01 单击"文件"｜"打开"命令，打开一幅素材图像，运用选择工具 ▶ 选中文字，如图11-40所示。

图 11-40 选中素材图像文字

02 在"图形样式"面板中单击"浮雕"图形样式，如图11-41所示。

图 11-41 单击"浮雕"图形样式

03 执行上述操作后，即可为文字添加相应的图形样式，如图11-42所示。

图 11-42 应用图形样式

11.2.5 实战——重新定义图形样式 〔进阶〕

在"图形样式"面板中，用户可以对所应用的样式进行相应的编辑，使其生成新的样式，从而满足用户的工作需要。

素材位置	素材 > 第 11 章 >11.2.5.ai
效果位置	效果 > 第 11 章 >11.2.5.ai
视频位置	视频 > 第 11 章 >11.2.5 实战——重新定义图形样式 .mp4

01 单击"文件"｜"打开"命令，打开一幅素材图像，运用选择工具 ▶ 选中应用了图形样式的文字，如图11-43所示。

图 11-43 选中素材图像文字

02 调出"外观"面板，依次设置"描边粗细"为0.5pt，"描边粗细"为0.5pt，"描边"为蓝色，"描边粗细"为1pt，如图11-44所示。

图 11-44 设置外观属性

03 执行操作的同时，文字效果随之改变，效果如图11-45所示。

图 11-45 文字效果

11.2.6 实战——使用图形样式库 〔重点〕

图形样式库是一组预设图形样式的集合。用户若要打开一个图形样式库，可单击"窗口"｜"图形样式库"命令，在其子菜单中选择该样式库，即可将该样式输入至当前图形窗口中。

素材位置	素材 > 第 11 章 >11.2.6.ai
效果位置	效果 > 第 11 章 >11.2.6.ai
视频位置	视频 > 第 11 章 >11.2.6 实战——使用图形样式库 .mp4

01 单击"文件"｜"打开"命令，打开一幅素材图像，运用选择工具 ▶ 选中文字，如图11-46所示。

图 11-46 选中素材图像文字

02 在"图形样式"面板下方单击"图形样式库菜单"按钮 ⓜ，在弹出的下拉列表框中选择"3D效果"选项，调出"3D效果"面板，在其中单击"3D效果1"图形样式，如图11-47所示。

图 11-47 单击相应图形样式

03 执行上述操作后，即可将该图形样式应用于字母中，如图11-48所示。

图 11-48 应用图形样式

11.3 习题测试

习题1 应用涂抹效果

素材位置	素材＞第 11 章＞习题 1.ai
效果位置	效果＞第 11 章＞习题 1.ai
视频位置	视频＞第 11 章＞习题 1：应用涂抹效果 .mp4

本习题需要练习应用涂抹效果的操作，素材与效果如图11-49所示。

图 11-49 素材与效果

习题2 应用艺术效果

素材位置	素材＞第 11 章＞习题 2.ai
效果位置	效果＞第 11 章＞习题 2.ai
视频位置	视频＞第 11 章＞习题 2：应用艺术效果 .mp4

本习题需要练习应用艺术效果的操作，素材与效果如图11-50所示。

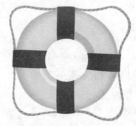 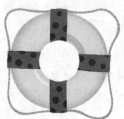

图 11-50 素材与效果

习题3 应用文字效果样式

素材位置	素材＞第 11 章＞习题 3.ai
效果位置	效果＞第 11 章＞习题 3.ai
视频位置	视频＞第 11 章＞习题 3：应用文字效果样式 .mp4

本习题需要练习应用文字效果样式的操作，素材与效果如图11-51所示。

图 11-51 素材与效果

后期优化篇

第 **12** 章

扫 码 观 看 本 章
实 战 操 作 视 频

创建丰富的图表样式

在实际工作中，人们常使用图表来表达各种数据的统计结果，从而得到更加准确、直观的视觉效果。Illustrator CC 2017不仅提供了丰富的图表类型，还可以对所创建的图表进行数据设置、类型更改及设置参数等操作。本章主要介绍创建各种图表样式的操作方法。

课堂学习目标

- 掌握创建图表对象的操作方法
- 掌握编辑图表样式的操作方法
- 掌握创建各种图表的操作方法

12.1 创建图表对象

在工作中，人们会将获得的各种数据进行统计和比较，使用图表就是表达数据的一种最佳方式，通过图表可以获得较为准确、直观的效果。

12.1.1 实战——掌握直接创建图表的方法　　**重点**

图表的创建操作主要包括设定确定图表范围的长度和宽度，以及进行比较的图表资料，而资料才是图表的核心和关键。

用户在创建图表时，指定图表大小是指确定图表的高度和宽度，其方法有两种：一是通过拖曳鼠标来任意创建图表；二是输入数值来精确创建图表。

素材位置	无
效果位置	效果 > 第 12 章 >12.1.1.ai
视频位置	视频 > 第 12 章 >12.1.1　实战——掌握直接创建图表的方法 .mp4

01 新建一个文档，然后选取工具面板中的柱形图工具 ，将鼠标指针移至图像窗口中，鼠标指针呈 形状，单击鼠标左键并拖曳，此时将会显示一个矩形框，矩形框的长度和宽度即是图表的长度和宽度，释放鼠标后，将弹出一个图表数据框，在其中输入相应的数据，如图12-1所示。

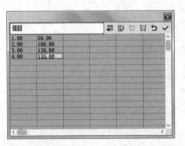

图 12-1　输入数据

02 数据输入完毕后，单击"应用"按钮 ✓，即可创建数据图表，如图12-2所示。

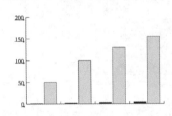

图 12-2　创建图表

专家指点

使用图表工具在图像窗口中直接创建图表时，若按住【Shift】键的同时拖曳鼠标，可以绘制一个正方形的图表；若按住【Alt】键的同时拖曳鼠标，则图表将以鼠标单击处的点为中心，并向四周扩展以创建图表。

12.1.2 实战——掌握精确创建图表的方法　　**进阶**

在图表数据框中输入数据时，若按【Enter】

179

键，光标将会自动跳至同一列的下一个单元格；若按【Tab】键，光标将会自动跳至同一行的下一个单元格上；使用键盘上的方向键，也可以移动光标的位置；在需要输入数据的单元格上单击鼠标左键，便可以输入数据。

素材位置	无
效果位置	效果 > 第 12 章 >12.1.2.ai
视频位置	视频 > 第 12 章 >12.1.2 实战——掌握精确创建图表的方法 .mp4

01 新建文档，选取工具面板中的柱形图工具，将鼠标指针移至图像窗口中，鼠标指针呈 ⊹ 形状，单击鼠标左键，弹出"图表"对话框，设置"宽度"为 120mm，"高度"为80mm，如图12-3所示。

图 12-3 输入数值

02 单击"确定"按钮，弹出图表数据框，在其中输入相应的数据，如图12-4所示。

图 12-4 输入数据

03 数据输入完毕后，单击"应用"按钮 ✔，即可创建数据图表，如图12-5所示。

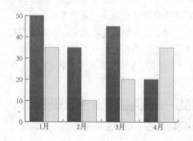

图 12-5 创建图表

12.2 创建各种图表

Illustrator CC 2017提供了多种图表工具，用户可以根据各自需求，制作出种类丰富的数据图表。在 Illustrator CC 2017中，用户除了制作默认预设的图表外，还可以对创建的图表进行数据数值的设置、图表类型的更改及图表参数选项的设置等。

在现实生活中，为了对各种统计数据进行比较并获得直观的视觉效果，通常会使用图表来体现。所以图表在商业、教育、科技等领域是一种十分有用的工具，因为它直观、易懂、明了，给工作者带来了极大的方便。目前，很多办公软件都提供了图表功能。

在Illustrator CC 2017的工具面板中，共提供了9种图表工具，如图14-6所示，它们分别是柱形图工具、条形图工具、堆积柱形图工具、堆积条形图工具、折线图工具、面积图工具、散点图工具、饼图工具、雷达图工具，运用它们可以建立9种不同的图表。

12.2.1 实战——应用柱形图工具 **重点**

柱形图表是"图表类型"对话框中默认的图表类型。该类型的图表是通过柱形长度与数据值成比例的垂直矩形，表示一组或多组数据之间的相互关系。

柱形图表可以将数据表中的每一行的数据数值放在一起，以供用户进行比较。该类型的图表可很直观地表现出事物随着时间的变化趋势。

素材位置	无
效果位置	效果 > 第 12 章 >12.2.1.ai
视频位置	视频 > 第 12 章 >12.2.1 实战——应用柱形图工具 .mp4

01 新建文档，将鼠标指针移至柱形图工具图标上，双击鼠标左键，弹出"图表类型"对话框，选择"图表

选项"列表框中的"数值轴"选项，选中"忽略计算出的值"复选框，设置"最大值"为500，"刻度"为4，如图12-6所示。

图 12-6　设置数值

02 单击"确定"按钮，在图像窗口中绘制一个合适大小的矩形框，释放鼠标后，将在图像窗口创建一个图表坐标轴，如图12-7所示。

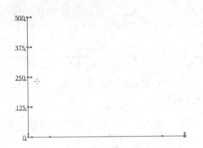

图 12-7　绘制图表坐标轴

03 在弹出的图表数据框中输入需要的图表数据，如图12-8所示。

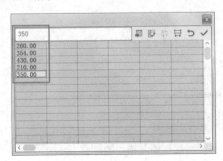

图 12-8　输入数据

04 数据输入完毕后，单击"应用"按钮 ✔，即可创建柱形图表，如图12-9所示。

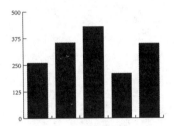

图 12-9　柱形图表

12.2.2 实战——应用条形图工具

条形图表与柱形图表相似，都是通过柱形长度与数据数值成比例的矩形，表示一组或多组数据数值之间的相互关系。它们的不同之处在于，柱形图形表的数据数值形成的矩形是垂直方向的，而条形图表的数据数值形成的矩形是水平方向的。

素材位置	无
效果位置	效果 > 第 12 章 >12.2.2.ai
视频位置	视频 > 第 12 章 >12.2.2 实战——应用条形图工具 .mp4

01 新建文档，在条形图工具图标 ⊟ 上双击鼠标左键，在"图表类型"对话框的"数值轴"选项中设置"最大值"为800，"刻度"为5，如图12-10所示。

图 12-10　设置数值

02 单击"确定"按钮,在图像窗口中绘制一个合适大小的矩形框,释放鼠标后,图像窗口将创建一个图表坐标轴,如图12-11所示。

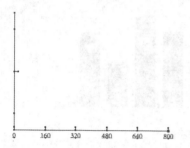

图 12-11 绘制图表坐标轴

03 在图表数据框中输入相应的数据,如图12-12所示。

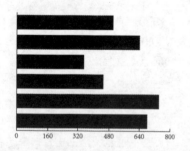

图 12-12 输入数据

04 输入完毕后,单击"应用"按钮 ✔ ,即可创建条形图表,如图12-13所示。

图 12-13 条形图表

<专家指点>

在 Illustrator CC 2017 中所创建的图表,用户也可以对图表中的元素进行单独的编辑。创建图表后,使用直接选择工具选中相应的图形,即可对其进行相应的属性设置。

12.2.3 实战——应用堆积柱形图工具 重点

堆积柱形图表与柱形图表相似,只是在表达数值信息的形式上有所不同。柱形图表用于每一类项目中单个分项目数据的数值比较,而堆积柱形图表用于将每一类项目中所有分项目数据的数值进行比较。

素材位置	无
效果位置	效果 > 第 12 章 >12.2.3.ai
视频位置	视频 > 第 12 章 >12.2.3 实战——应用堆积柱形图工具 .mp4

01 新建文档,在堆积柱形图工具图标 ⑽ 上双击鼠标左键,在"图表类型"对话框的"数值轴"选项中设置"最大值"为100,"刻度"为4,如图12-14所示。

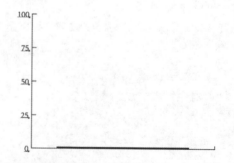

图 12-14 输入数据

02 单击"确定"按钮,然后在图像窗口中绘制一个合适大小的图表坐标轴,如图12-15所示。

图 12-15 绘制图表坐标轴

03 在图表数据框中输入相应的数据,如图12-16所示。

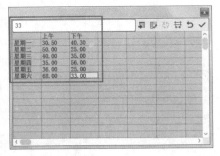

图 12-16　输入数据

04 输入完毕后，单击"应用"按钮 ✓，即可创建堆积柱形图表，如图12-17所示。

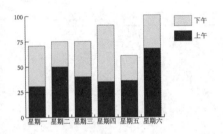

图 12-17　堆积柱形图表

12.2.4 实战——应用堆积条形图工具

堆积条形图表与堆积柱形图表类似，都是将同类中的多组数据数值以堆积的方式形成矩形，进行类型之间的比较。它们的不同之处在于，堆积柱形图表中的数据数值形成的矩形是垂直方向的，而堆积条形图表中的数据数值形成的矩形是水平方向的。

素材位置	无
效果位置	效果 > 第 12 章 >12.2.4.ai
视频位置	视频 > 第 12 章 >12.2.4 实战——应用堆积条形图工具 .mp4

01 新建文档，在堆积条形图工具图标 上双击鼠标左键，在"图表类型"对话框的"数值轴"选项中设置"最大值"为100，"刻度"为5，如图12-18所示。

图 12-18　输入数据

02 单击"确定"按钮，然后在图像窗口中绘制一个大小合适的图表坐标轴，如图12-19所示。

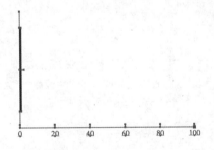

图 12-19　绘制图表坐标轴

03 在图表数据框中输入相应的数据，如图12-20所示。

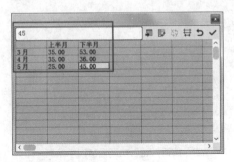

图 12-20　输入数据

04 输入完毕后，单击"应用"按钮 ✔，即可创建堆积条形图表，如图12-21所示。

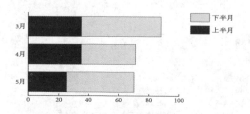

图 12-21 堆积条形图表

12.2.5 实战——应用折线图工具 `重点`

折线图表是通过线段表现数据数值随时间变化的趋势，它可以帮助用户把握事物发展的过程、分析变化趋势和辨别数据数值变化的特性。

该类型的图表是将同项目的数据数值以点的方式在图表中表示，再通过线段将其连接，用户通过折线图表，不仅能够纵向比较图表中各横行的数据数值，而且还可以横向比较图表中的纵行数据数值。

素材位置	素材 > 第 12 章 >12.2.5.txt
效果位置	效果 > 第 12 章 >12.2.5.ai
视频位置	视频 > 第 12 章 >12.2.5 实战——应用折线图工具 .mp4

01 新建文档，在折线图工具图标 ∠ 上双击鼠标左键，在"图表类型"对话框的"数值轴"选项中设置"最大值"为100，"刻度"为5，如图12-22所示。

图 12-22 输入数据

02 单击"确定"按钮，然后在图像窗口中绘制一个大小合适的图表坐标轴，如图12-23所示。

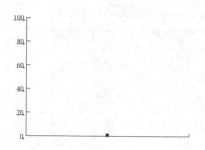

图 12-23 绘制图表坐标轴

03 单击图表数据框上的"导入数据"按钮 ⊞，如图12-24所示。

图 12-24 单击"导入数据"按钮

04 弹出"导入图表数据"对话框，选择需要的文件，如图12-25所示。

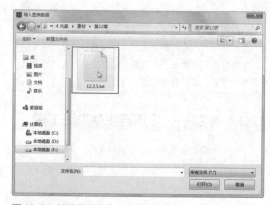

图 12-25 选择需要的文件

专家指点

在 Illustrator CC 2017 中，若要将数据导入至图表数据框中，其文件格式必须是文本格式。在导入的文本中，数据之间必须有间距，否则导入的数据会很乱。

05 单击"打开"按钮，即可将文件中的数据导入至图表数据框中，如图12-26所示。

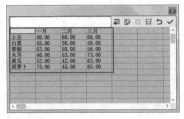

图 12-26 导入数据

06 单击数据框上的"应用"按钮 ✔，即可创建相应的折线图表，如图12-27所示。

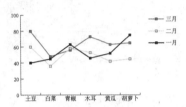

图 12-27 折线图表

12.2.6 实战——应用面积图工具 重点

面积图表所表示的数据数值关系与折线图表比较相似，但是相比后者，前者更强调数据值的变化。面积图表是通过用点表示一组或多组数据数值，并以线段连接不同组的数据数值点，形成面积区域。

素材位置	素材 > 第 12 章 > 12.2.6.xls
效果位置	效果 > 第 12 章 > 12.2.6.ai
视频位置	视频 > 第 12 章 > 12.2.6 实战——应用面积图工具 .mp4

01 新建文档，在面积图工具图标 ◤ 上双击鼠标左键，在"图表类型"对话框的"数值轴"中设置"最大值"为300，"刻度"为5，如图12-28所示。

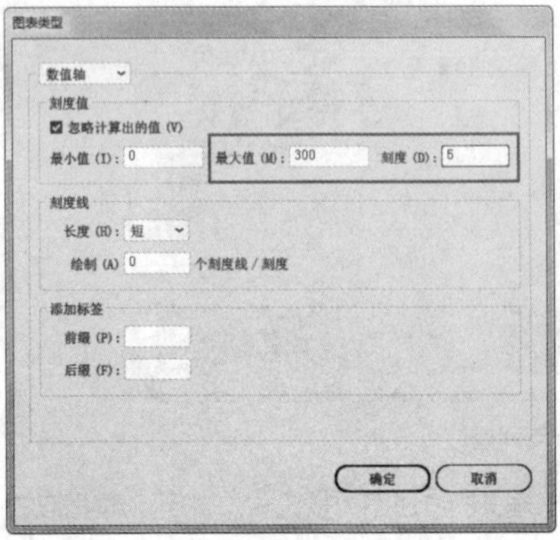

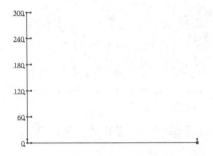

图 12-28 输入数据

02 单击"确定"按钮，然后在图像窗口中绘制一个大小合适的图表坐标轴，如图12-29所示。

图 12-29 绘制图表坐标轴

03 打开名为"12.2.6.xls"的Excel文档，选中需要复制的数据单元格，如图12-30所示。

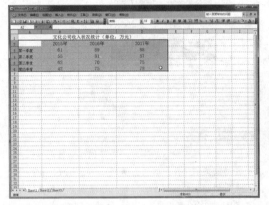

图 12-30 选中单元格

04 按【Ctrl + C】组合键将单元格的数据复制，返回至图表文档中，选中图表数据框中的第一个单元格，如图12-31所示。

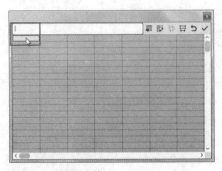

图 12-31 选择单元格

05 按【Ctrl + V】组合键，即可将数据粘贴至图表数据框中，如图12-32所示。

图 12-32 粘贴数据

06 单击数据框上的"应用"按钮 ✓，即可创建相应的面积图表，如图12-33所示。

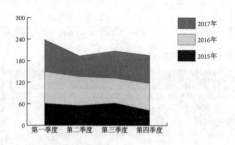

图 12-33 面积图表

专家指点

在图表数据框中输入数据时，用户也可以将制作在电子表格或文本文件中的数据复制粘贴于 Illustrator CC 2017 中的图表数据框中，同时，图表数据框的数据也可以直接在数据框中进行复制、粘贴或剪切的操作。

12.2.7 实战——应用散点图工具

散点图表是比较特殊的数据图表，它主要用于数学的数理统计、科技数据的数值显示比较等方面。

素材位置	素材 > 第 12 章 >12.2.5.txt
效果位置	效果 > 第 12 章 >12.2.7.ai
视频位置	视频 > 第 12 章 >12.2.7 实战——应用散点图工具 .mp4

01 新建文档，在散点图工具图标 上双击鼠标左键，在"图表类型"对话框的"数值轴"和"下侧轴"选项中分别设置"最大值"为100，"刻度"为5，如图12-34所示。

图 12-34 输入数据

02 单击"确定"按钮，在图像窗口中绘制一个大小合适的图表坐标轴，如图12-35所示。

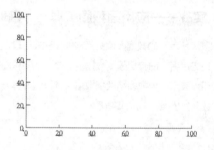

图 12-35 绘制图表坐标轴

03 导入与12.2.5相同的图表数据文件，并单击"换位行/列"按钮 ，使行与列中的数据进行互换，如图12-36所示。

图 12-36 行与列换位

04 单击数据框上的"应用"按钮 ✓，即可创建相应的散点图表，如图12-37所示。

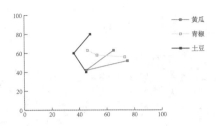

图 12-37 散点图表

专家指点

散点图表的 x 轴和 y 轴是数据坐标轴，在两组数据值的交汇处形成坐标点，每个坐标点都是通过 x 坐标和 y 坐标进行定位的，通过数据的变化趋势可以直接查看 x 坐标轴和 y 坐标轴之间的相对性。因此，用户在创建图表之前需要对"下侧轴"选项中的"刻度"进行相应的设置。

12.2.8 实战——应用饼图工具

饼图图表非常适合对同类项目中不同分项目的数据数值进行比较，它能够很直观地显示在一个整体中各个项目部分所占的比例。

素材位置	素材＞第 12 章＞12.2.6.xls
效果位置	效果＞第 12 章＞12.2.8.ai
视频位置	视频＞第 12 章＞12.2.8 实战——应用饼图工具.mp4

01 新建文档，选取工具面板中的饼图工具 🎂，在图像窗口中绘制一个大小合适的饼图，如图12-38所示。

图 12-38 绘制饼图

02 在图表数据框中粘贴与12.2.6相同的图表数据，并单击"换位行/列"按钮 📊，使行与列中的数据进行互换，如图12-39所示。

图 12-39 行与列换位

03 单击数据框上的"应用"按钮 ✔，即可创建相应的饼图图表，如图12-40所示。

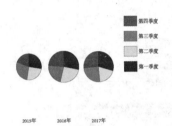

图 12-40 饼图图表

12.2.9 实战——应用雷达图工具 进阶

雷达图表是一种以环形方式进行各组数据数值比较的图表。这种比较特殊的图表，能够将一组数据以其数值多少在刻度数值尺度上标注成数值点，然后通过线段将各个数值点连接，这样用户可以通过所形成的各组不同的线段图形，判断数据数值的变化。

素材位置	素材＞第 12 章＞12.2.9.xls
效果位置	效果＞第 12 章＞12.2.9.ai
视频位置	视频＞第 12 章＞12.2.9 实战——应用雷达图工具.mp4

01 新建文档，在雷达图工具图标 ⊛ 上双击鼠标左键，在"图表类型"对话框的"数值轴"中设置"最大值"为4000，"刻度"为5，如图12-41所示。

图 12-41 输入数据

02 单击“确定”按钮，然后在图像窗口中绘制一个大小合适的图表坐标轴，如图12-42所示。

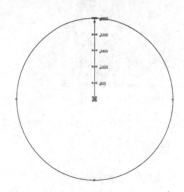

图 12-42 绘制图表坐标轴

03 打开名为“12.2.9.xls”的Excel文档，选中需要复制的数据单元格，如图12-43所示。

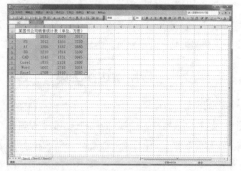

图 12-43 需要复制的数据单元格

04 按【Ctrl+C】组合键将单元格的数据复制，返回至图表文档中，选中图表数据框中的第一个单元格，然后按【Ctrl+V】组合键，即可将数据粘贴至图表数据框中，如图12-44所示。

	2015.00	2016.00	2017.00
PS	1012.00	1554.00	2230.00
AI	1205.00	1457.00	2680.00
3D	1210.00	1814.00	3100.00
CAD	1545.00	1751.00	3045.00
Corel	1815.00	2124.00	2400.00
Word	1602.00	2745.00	3024.00
Excel	1708.00	2410.00	2250.00

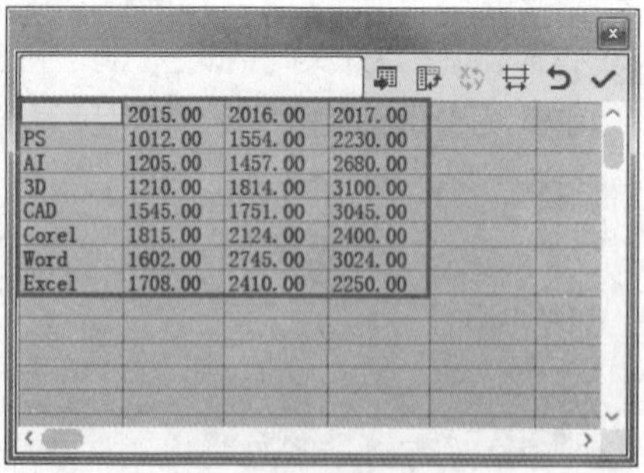

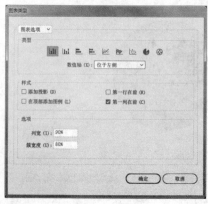

图 12-44 将数据粘贴至图表数据框中

05 单击数据框上的“应用”按钮✔，即可创建相应的雷达图表，如图12-45所示。

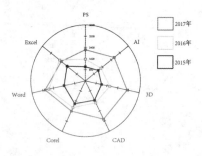

图 12-45 雷达图表

专家指点

雷达图表是一种以环形方式将各组数据进行比较的图表，它可以将一组数据以其数值的大小在刻度数值尺度上标注成数值点，然后通过线段将各数值点连接起来，若某一组的数值越大，则距离雷达外缘就越近。

12.3 编辑图表样式

Illustrator CC 2017允许用户对已经生成的各种图表进行编辑。例如，可以更改某一组数据，也可以改变不同图表类型中的相关选项，以生成不同的图表外观，甚至于可以进一步将图表中的示意图形状改变成其他形状。

12.3.1 实战——修改图表样式类型 重点

选取工具面板中的选择工具▶，在图形窗口中选择创建的图表，单击“对象”|“图表”|“类型”命令，或双击工具面板中的图表工具，抑或在图形窗口中单击鼠标右键，在弹出的快捷菜单中选择“类型”选项，弹出“图表类型”对话框，如图12-46所示。

图 12-46 “图表类型”对话框

用户在该对话框中可以更改图表的类型、添加图表的样式、设置图表选项，以及对图表的坐标轴进行相应的设置。

素材位置	素材 > 第 12 章 >12.3.1.ai
效果位置	效果 > 第 12 章 >12.3.1.ai
视频位置	视频 > 第 12 章 >12.3.1 实战——修改图表样式类型 .mp4

01 单击"文件"｜"打开"命令，打开一幅素材图表，如图12-47所示。

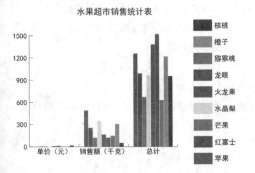

图 12-47　打开素材图表

02 使用选择工具 ▶ 选中柱形图表，单击"对象"｜"图表"｜"类型"命令，在弹出的"图表类型"对话框的"类型"选项区中，单击"折线图"按钮，如图12-48所示。

图 12-48　单击"折线图"按钮

03 单击"确定"命令，即可更改图表的类型，如图12-49所示。

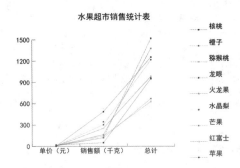

图 12-49　更改图表的类型

编辑图表的操作主要通过"图表类型"对话框来实现，选中图表并单击鼠标左键，在弹出的快捷菜单中选择"类型"选项，或在图表工具上双击鼠标左键，都可以调出"图表类型"对话框。

12.3.2 实战——编辑图表数值轴位置

除了饼形图表外，其他类型的图表都有一条数据坐标轴。在"图表类型"对话框中，使用"数值轴"中的选项可以指定数值坐标轴的位置。选择不同的图表类型，其"数值轴"中的选项会有所不同。

素材位置	素材 > 第 12 章 >12.3.2.ai
效果位置	效果 > 第 12 章 >12.3.2.ai
视频位置	视频 > 第 12 章 >12.3.2 实战——编辑图表数值轴位置 .mp4

01 单击"文件"｜"打开"命令，打开一幅素材图表，选中图表，如图12-50所示。

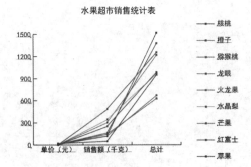

图 12-50　选中图表

02 单击鼠标右键，在弹出的快捷菜单中选择"类型"选项，如图12-51所示。

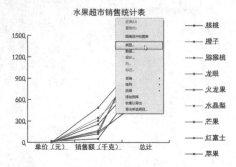

图 12-51 选择"类型"选项

03 在弹出的"图表类型"对话框中设置"数值轴"为"位于两侧",如图12-52所示。

图 12-52 设置数值轴

04 单击"确定"按钮,即可完成数值轴位置的设置,如图12-53所示。

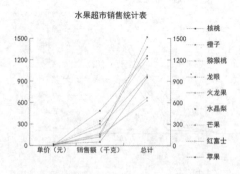

图 12-53 设置数值轴位置

专家指点

在设置图表数值轴的选项中,若选择的图表是散点图表,则数值轴中只有"位于左侧"和"位于两侧"两个选项;若是饼图图表,则数值轴的选项呈灰色;若为雷达图表,则只有"位于每侧"一个选项。

12.3.3 实战——设置图表样式选项

对于创建的不同类型的图表,用户不仅可以编辑图表的数据数值和图表的显示效果,还可以对不同类型的图表的"图表类型"对话框的参数选项进行相关设置与编辑(这里指的参数选项设置是指该对话框中"选项"选项区中的参数设置)。

素材位置	素材 > 第 12 章 >12.3.3.ai
效果位置	效果 > 第 12 章 >12.3.3.ai
视频位置	视频 > 第 12 章 >12.3.3 实战——设置图表样式选项 .mp4

01 单击"文件"|"打开"命令,打开一幅素材图表,如图12-54所示。

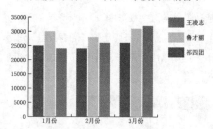

图 12-54 打开素材图表

02 使用选择工具 ▶ 选中柱形图表,如图12-55所示。

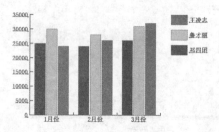

图 12-55 选中柱形图表

03 单击鼠标右键,在弹出的快捷菜单中选择"类型"选项,在"图表类型"的"选项"选项区中,设置"列宽"为50%，如图12-56所示。

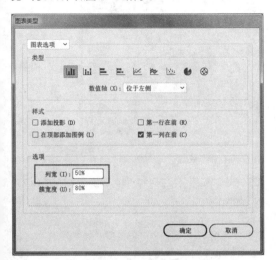

图 12-56　设置选项

04 单击"确定"按钮，即可将设置的选项应用于图表中，如图12-57所示。

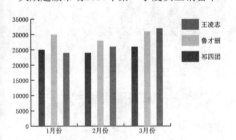

图 12-57　图表效果

12.3.4 实战——编辑单元格样式

调出图表数据框除了单击鼠标左键选择选项外，还可以在选中图表后，单击"对象"｜"图表"｜"数据"命令来调出图表数据框；另外，当用户将鼠标移至列与列之间的网格线上时，单击鼠标左键并拖曳，也可以调整单元格的宽度。

素材位置	素材 > 第 12 章 >12.3.4.ai
效果位置	效果 > 第 12 章 >12.3.4.ai
视频位置	视频 > 第 12 章 >12.3.4 实战——编辑单元格样式.mp4

01 单击"文件"｜"打开"命令，打开一幅素材图表，如图12-58所示。

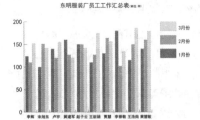

图 12-58　打开素材图表

02 选中图表并单击鼠标右键，在弹出的快捷菜单中选择"数据"选项，弹出图表数据框，将鼠标指针移至"单元格样式"按钮上，如图12-59所示。

图 12-59　图表数据框

03 单击鼠标左键，弹出"单元格样式"对话框，设置"小数位数"为0，"列宽度"为10，如图12-60所示。

图 12-60　设置单元格样式

04 单击"确定"按钮，即可改变图表数据框中的单元格样式，如图12-61所示。

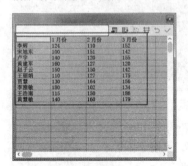

图 12-61　改变单元格样式

12.3.5 实战——修改图表数据

用户若要对已经创建的图表的数据进行编辑修改，首先要使用选择工具 ▶ 将其选择，然后单击"对象"|"图表"|"数据"命令（或在图形窗口中单击鼠标右键，在弹出的快捷菜单中选择"数据"选项），此时将弹出该图表的相关数据输入框。用户在该数据输入框中对数据进行修改后，单击 ✔ 按钮，即可将修改的数据应用至选择的图表中。

素材位置	素材 > 第 12 章 >12.3.5.ai
效果位置	效果 > 第 12 章 >12.3.5.ai
视频位置	视频 > 第 12 章 >12.3.5 实战——修改图表数据 .mp4

01 单击"文件"|"打开"命令，打开一幅素材图表，如图12-62所示。

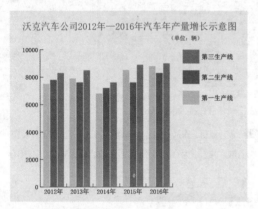

图 12-62 打开素材图表

02 选中图表并单击鼠标右键，在弹出的快捷菜单中选择"数据"选项，弹出图表数据框，如图12-63所示。

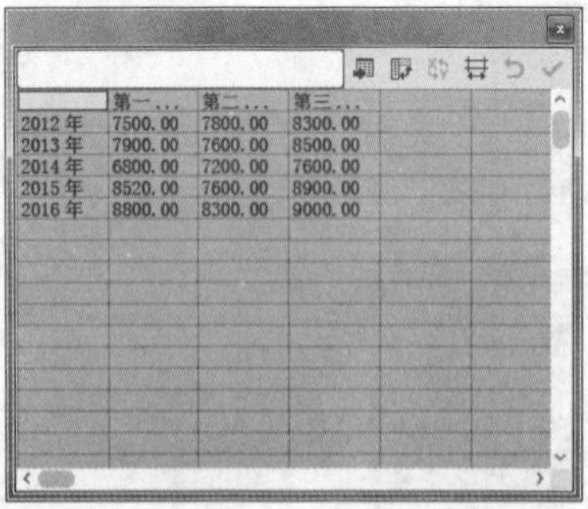

图 12-63 图表数据框

03 在图表数据框中，选中需要更改数据的单元格，在数值框中输入数值，如图12-64所示。

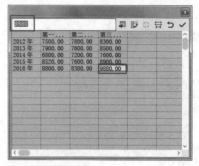

图 12-64 修改数据

04 单击"应用"按钮 ✔，即可改变图表中的相应数据，如图12-65所示。

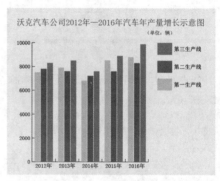

图 12-65 图表效果

12.3.6 实战——编辑图表样式

在图形窗口中创建的不同类型的图表，用户不仅可以调整其数据数值，而且还可以添加图表的视觉效果，如为图表添加投影、显示图例在图表上方等。

素材位置	素材 > 第 12 章 >12.3.6.ai
效果位置	效果 > 第 12 章 >12.3.6.ai
视频位置	视频 > 第 12 章 >12.3.6 实战——编辑图表样式 .mp4

01 单击"文件"|"打开"命令，打开一幅素材图表，如图12-66所示。

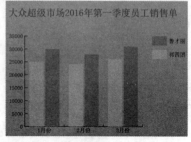

图 12-66 打开素材图表

02 选中图表并单击鼠标右键，在弹出的快捷菜单中选择"类型"选项，弹出"图表类型"对话框，选中"在顶部添加图例"复选框，如图12-67所示。

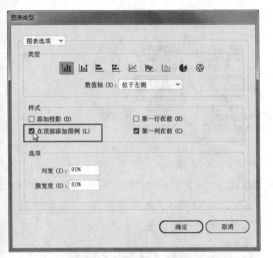

图 12-67 选中"在顶部添加图例"复选框

03 单击"确定"按钮，即可在图表的上方显示图例，效果如图12-68所示。

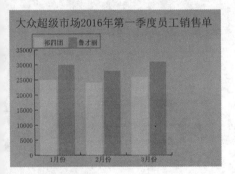

图 12-68 图表效果

12.3.7 实战——编辑图表元素

图表中的显示包括图表元素的颜色、图表中的文字等，用户可以根据需要修改图表图形的元素，可以将几组图表类型组合显示等。

素材位置	素材 > 第 12 章 >12.3.7.ai
效果位置	效果 > 第 12 章 >12.3.7.ai
视频位置	视频 > 第 12 章 >12.3.7 实战——编辑图表元素 .mp4

01 单击"文件" | "打开"命令，打开一幅素材图表，如图12-69所示。

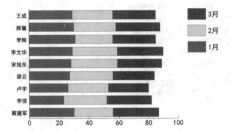

图 12-69 打开素材图表

02 在图表中使用直接选择工具，选中同一颜色的图形，如图12-70所示。

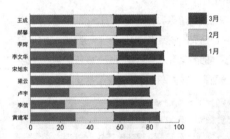

图 12-70 选中同一颜色的图形

03 单击"窗口" | "图形样式"命令，调出"图形样式"面板，然后打开"涂抹效果"样式库，选中"涂抹11"样式，如图12-71所示。

图 12-71 选择样式

04 执行操作后，即可改变相应的图形样式，效果如图12-72所示。

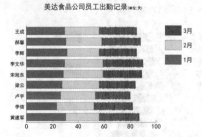

图 12-72 图表效果

12.3.8 实战——自定义图表图案 进阶

图表不仅可以使用纯色或柱状矩形等来表示,还可以使用自定义的图案来表示,自定义的图案使图表更具有独特的鲜明个性和特点。

用户若要创建更加形象化、个性化的图表,可以创建并应用自定义的图案来标记图表中的数据。而用于标记图表资料的图案可以由简单的图形或路径组成,也可以是包含图案、文本等的复杂的操作对象。

素材位置	素材 > 第 12 章 >12.3.8(1).ai、12.3.8(2).ai
效果位置	效果 > 第 12 章 >12.3.8.ai
视频位置	视频 > 第 12 章 >12.3.8 实战——自定义图表图案.mp4

01 单击"文件"|"打开"命令,打开素材图表和素材图像,如图12-73、图12-74所示。

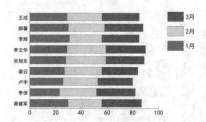

图 12-73 打开素材图表

图 12-74 打开素材图像

02 切换至"12.3.8(2)"文档窗口,选中图形,将其复制粘贴于"12.3.8(1)"的素材文件中,如图12-75所示。

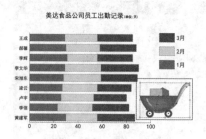

图 12-75 复制图像

03 确认图形处于选中状态,单击"对象"|"图表"|"设计"命令,弹出"图表设计"对话框,单击"新建设计"按钮,如图12-76所示。

图 12-76 单击"新建设计"按钮

04 执行操作后,在预览框中将显示自定义的图案,如图12-77所示。

图 12-77 显示自定义的图案

05 单击"重命名"按钮，弹出"图表设计"对话框，在"名称"文本框中输入新名称"购物车"，如图12-78所示。

图 12-78 重命名

06 单击"确定"按钮，返回"图表设计"对话框，如图12-79所示。

图 12-79 "图表设计"对话框

07 单击"确定"按钮，在图像窗口中运用直接选择工具 ▷ 选中需要应用自定义图案显示的图形，如图12-80所示。

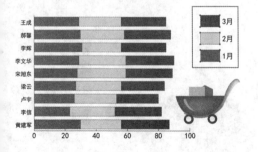

图 12-80 选中图形

08 单击"对象"｜"图表"｜"柱形图"命令，弹出

"图表列"对话框，在"选取列设计"列表框中选择自定义的图案名称，设置"列类型"为"一致缩放"，取消选中"旋转图例设计"复选框，如图12-81所示。

图 12-81 设置选项

09 单击"确定"按钮，即可将自定义的图案应用于图表中，并删除相应的图形对象，效果如图12-82所示。

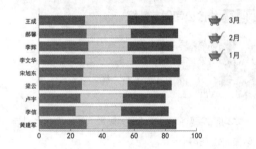

图 12-82 应用图案

12.4 习题测试

习题1 制作华联超市销售单

素材位置	素材＞第 12 章＞习题 1.ai
效果位置	效果＞第 12 章＞习题 1.ai
视频位置	视频＞第 12 章＞习题 1：制作华联超市销售单 .mp4

本习题需要练习制作华联超市销售单的操作，素材与效果如图12-83所示。

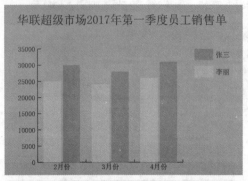

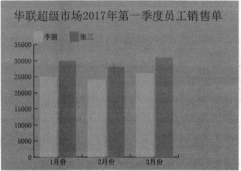

图 12-83 素材与效果

习题2 修改公司图表数据

素材位置	素材＞第 12 章＞习题 2.ai
效果位置	效果＞第 12 章＞习题 2.ai
视频位置	视频＞第 12 章＞习题 2：修改公司图表数据.mp4

本习题需要练习修改公司图表数据的操作，素材与效果如图12-84所示。

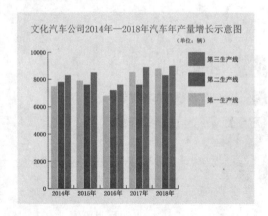

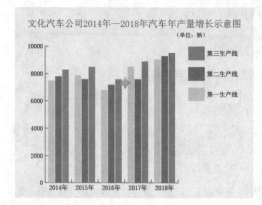

图 12-84 素材与效果

习题3 创建公司季度饼图数据

素材位置	素材＞第 12 章＞习题 3.xls
效果位置	效果＞第 12 章＞习题 3.ai
视频位置	视频＞第 12 章＞习题 3：创建公司季度饼图数据.mp4

本习题需要练习创建公司季度饼图数据的操作，素材与效果如图12-85所示。

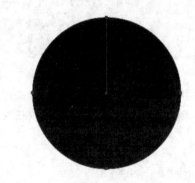

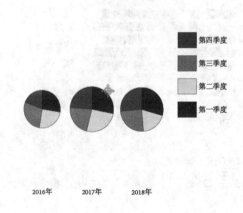

图 12-85 素材与效果

第**13**章

创建、录制与编辑动作

在Illustrator CC 2017中，用户可以将一系列的命令组成一个动作来完成其他任务，这样可以大幅度地降低工作强度，从而提高工作效率。本章主要向读者介绍使用"动作"面板创建与编辑动作的操作方法。

课堂学习目标

● 掌握"动作"面板的使用   ● 掌握编辑动作的操作方法

扫码观看本章
实战操作视频

13.1 使用"动作"面板

在Illustrator CC 2017中，设计师们不断追求更高的设计效率，"动作"面板的出现无疑极大地提高了设计师们的操作效率。使用动作可以减少许多操作，大大降低了工作的重复度。例如，在转换百张图像的格式时，用户无需——进行操作，只需对这些图像文件应用一个设置好的动作，即可一次性完成对所有图像文件的相同操作。

13.1.1 实战——创建新的动作 【重点】

Illustrator CC 2017提供了许多现成的动作以提高操作人员的工作效率，但在大多数情况下，操作人员仍然需要自己录制大量新的动作，以适应不同的工作情况。

录制动作与"批处理"的使用方法分别如下。

◆ 将常用操作录制成为动作：用户根据自己的习惯将常用操作的动作记录下来，可简化设计工作的操作。

◆ 与"批处理"结合使用：单独使用动作尚不足以充分显示动作的优点，如果将动作与"批处理"命令结合起来，则能够成倍放大动作的威力。

创建动作的操作方法有以下3种。

◆ 方法1：展开"动作"面板，单击"创建新动作"按钮 ，弹出"新建动作"对话框，设置相应的选项，单击"记录"按钮，即可创建一个新的动作。

◆ 方法2：调出"动作"面板，单击面板右上角的 按钮，在弹出的面板菜单中选择"新建动作"选项，弹出"新建动作"对话框，进行相应设置后，单击"确定"按钮即可。

◆ 方法3：按住【Alt】键的同时，单击"创建新动作"

按钮，即可快速创建动作集，并直接开始记录窗口中的动作。

素材位置	无
效果位置	无
视频位置	视频 > 第 13 章 >13.1.1 实战——创建新的动作 .mp4

01 新建文档，单击"窗口"丨"动作"命令，如图13-1所示。

图 13-1 单击"动作"命令

02 调出"动作"面板，单击"创建新动作"按钮 ，如图13-2所示。

图 13-2 单击"创建新动作"按钮

---

03 弹出"新建动作"对话框，设置"名称"为"动作1"，"动作集"为"默认_动作"，"功能键"为"无"，"颜色"为"黄色"，如图13-3所示。

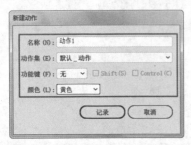

图13-3 "新建动作"对话框

04 单击"记录"按钮，即可创建一个新的动作，如图13-4所示。

图13-4 新建动作

13.1.2 实战——录制动作

使用"动作"面板可以对动作进行记录，在记录完成之后，还可以执行插入等操作。

"动作"面板中主要选项的功能如下。

◆ "切换对话开/关"图标 □：当面板中出现这个图标时，动作执行到该步骤将暂停。

◆ "切换项目开/关"图标 ✔：可设置允许/禁止执行动作组中的动作、选定的部分动作或动作中的命令。

◆ "展开/折叠"图标 ∨：单击该图标可以展开/折叠动作组，以便存放新的动作，如图13-5所示。

图13-5 展开动作组

◆ "创建新动作"按钮 ▣：单击该图标可以展开/折叠动作组，以便存放新的动作。

◆ "创建新动作集"按钮 ▣：单击该按钮，可以创建一个新的动作组。

◆ "开始记录"按钮 ●：单击该按钮，可以开始录制动作。

◆ "播放选定的动作"按钮 ▶：单击该按钮，可以播放当前选择的动作。

◆ "停止播放/记录"按钮 ■：该按钮只有在记录动作或播放动作时才可以使用，单击该按钮，可以停止当前的记录或播放操作。

素材位置	素材 > 第 13 章 >13.1.2.ai
效果位置	效果 > 第 13 章 >13.1.2.ai
视频位置	视频 > 第 13 章 >13.1.2 实战——录制动作 .mp4

01 单击"文件"｜"打开"命令，打开一幅素材图像，如图13-6所示，调出"动作"面板，并新建"动作1"。

图13-6 打开素材图像

02 选中"动作1"项目后，单击面板下方的"开始记录"按钮 ● ，如图13-7所示。

图 13-7 单击"开始记录"按钮

03 在图像中选择需要创建动作的图形，如图13-8所示。

图 13-8 选中图形

04 单击鼠标右键，然后在弹出的快捷菜单中选择"变换"｜"旋转"选项，如图13-9所示。

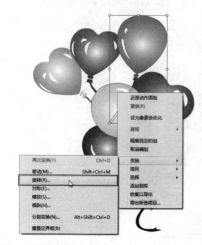

图 13-9 选择"旋转"选项

05 弹出"旋转"对话框，设置"角度"为20°，如图13-10所示。

图 13-10 "旋转"对话框

06 单击"确定"按钮，即可旋转图形，效果如图13-11所示。

图 13-11 旋转图形

07 再次在选中的图形上单击鼠标右键，在弹出的快捷菜单中选择"变换"｜"移动"选项，弹出"移动"对话框，设置"水平"为5mm，"垂直"为15mm，如图13-12所示。

图 13-12 "移动"对话框

08 单击"确定"按钮，所选择的图形进行了移动的动作，如图13-13所示。

09 再次在选中的图形上单击鼠标右键，在弹出的快捷菜单中选择"排列" | "置于底层"选项，调整图形的排列顺序，如图13-14所示。

图 13-13 移动图形 　　　图 13-14 调整图形排列顺序

10 单击"动作"面板下方的"停止播放/记录"按钮■，如图13-15所示，系统将停止记录动作，即可完成动作的录制；此时，"动作"面板中的"动作1"的项目中，记录了图像窗口中的操作过程。

图 13-15 记录动作

专家指点

在进行动作的录制时，一定要选中需要记录的动作项目，并单击"开始记录"按钮，否则所有的动作都无法进行记录，或选择需要的项目后，单击面板右上角的■按钮，在弹出的面板菜单中选择"开始记录"选项。

13.1.3 实战——播放动作　　重点

在Illustrator CC 2017中编辑图像时，用户可以播放"动作"面板中自带的动作，用于快速处理图像。

素材位置	素材 > 第 13 章 >13.1.3.ai
效果位置	效果 > 第 13 章 >13.1.3.ai
视频位置	视频 > 第 13 章 >13.1.3 实战——播放动作 .mp4

01 单击"文件" | "打开"命令，打开一幅素材图像，如图13-16所示。

02 选择需要播放动作的图形，如图13-17所示。

图 13-16 打开素材图像 　　　图 13-17 选中图形

03 选中"动作"面板中所录制的"动作1"项目，单击面板下方的"播放当前所选动作"按钮▶，如图13-18所示。

图 13-18 单击"播放当前所选动作"按钮

04 所选择的图形按照录制的动作进行播放，如图13-19所示。

图 13-19 播放动作

专家指点

由于动作是一系列命令，因此单击"编辑"|"还原"命令只能还原动作中的最后一个命令。

在播放记录的动作时，若不需要播放某一个动作，只需单击该动作名称左侧的"切换项目开/关"图标 ✔ 即可。

另外，用户还可以设置播放的速度，单击面板右上角的 ▤ 按钮，在弹出的面板菜单中选择"回放选项"选项，在弹出的对话框中设置"暂停"选项后，即可控制每个播放动作之间的速度。

13.1.4 实战——批处理动作图像　**进阶**

批处理就是将一个指定的动作应用于某文件夹下的所有图像或当前打开的多个图像。在使用批处理命令时，需要进行批处理操作的图像必须保存于同一个文件夹中或全部打开，执行的动作也需要提前载入至"动作"面板。

素材位置	素材＞第13章>13.1.4>13.1.4（1）.ai、13.1.4（2）.ai
效果位置	无
视频位置	视频＞第13章>13.1.4 实战——批处理动作图像.mp4

01 单击"文件"|"打开"命令，分别打开素材图像和背景图像，如图13-20、图13-21所示。

图 13-20 打开素材图像

图 13-21 打开背景图像

02 单击"动作"面板右上角的 ▤ 按钮，在弹出的面板菜单中选择"批处理"选项，如图13-22所示。

图 13-22 选择"批处理"选项

03 弹出"批处理"对话框，设置"动作集"为"默认_动作"，"动作"为"不透明度40，'屏幕'模式（所选项目）"，单击"选取"按钮，如图13-23所示。

图 13-23 单击"选取"按钮

04 弹出"选择批处理源文件夹"对话框，选择相应的文件夹，如图13-24所示。

图 13-24 选择相应的文件夹

05 单击"选择文件夹"按钮，添加源文件夹，单击"确定"按钮，如图13-25所示。稍等片刻，即可批处理该文件夹内的图像。

图 13-25 添加源文件夹

13.2 编辑动作

使用"动作"面板可以对动作进行记录，在记录完成之后，还可以执行插入等编辑操作，本节主要向用户介绍插入停止动作、复制和删除动作、新增动作组等操作方法。

13.2.1 实战——复制与删除动作

若用户选择需要删除的动作选项后，单击"删除所选动作"按钮，或单击面板右上角的≡按钮，在弹出的面板菜单中选择"删除"选项，都将弹出信息提示框，提示用户是否删除所选动作项目，单击"是"按钮，即可将所选择的动作项目删除。

素材位置	素材 > 第 13 章 >13.2.1.ai
效果位置	效果 > 第 13 章 >13.2.1.ai
视频位置	视频 > 第 13 章 >13.2.1 实战——复制与删除动作 .mp4

01 单击"文件"｜"打开"命令，打开一幅素材图像，选择需要复制的动作选项，如图13-26所示。

图 13-26 选择动作

02 单击鼠标左键并拖曳至"创建新动作"按钮 ▣ 上，如图13-27所示。

图 13-27 拖曳动作

03 执行操作后，即可复制该动作选项，如图13-28所示。

图 13-28 复制动作

04 在图像窗口中，选中需要播放动作的图形后，播放动作，即可观察到所选择的图形进行了两次移动操作动作的播放，如图13-29所示。

图 13-29 播放动作

05 选中需要删除的动作选项，单击鼠标左键并拖曳至"删除所选动作"按钮 ▣ 上，如图13-30所示。

图 13-30 拖曳鼠标

06 释放鼠标后，即可删除该动作选项，如图13-31所示。

图 13-31 删除动作

专家指点

复制动作也可按住【Alt】键，将要复制的命令或动作拖曳至"动作"面板中的新位置，或者将动作拖曳至"动作"面板底部的"创建新动作"按钮上即可。

13.2.2 实战——编辑动作

在对动作进行编辑时，必须先选择需要编辑动作的图形，再双击动作选项，否则系统将弹出所选动作不可使用的提示信息框。另外，若用户在"动作"面板的菜单列表框中选择"重置动作"选项，可以将"动作"恢复至默认的设置。

素材位置	素材 > 第 13 章 >13.2.2.ai
效果位置	效果 > 第 13 章 >13.2.2.ai
视频位置	视频 > 第 13 章 >13.2.2 实战——编辑动作 .mp4

01 单击"文件"｜"打开"命令，打开一幅素材图像，如图13-32所示。

02 在图像窗口中选中需要编辑的图形，如图13-33所示。

图 13-32 打开素材图像　　图 13-33 选择图形

03 在"动作1"项目中的"移动"选项上双击鼠标左键，如图13-34所示。

图 13-34 双击"移动"选项

04 弹出"移动"对话框，设置"水平"为-10mm，"垂直"为10mm，如图13-35所示。

图 13-35 设置"移动"选项

05 单击"确定"按钮后，所选择的图形也随着动作记录改变，如图13-36所示。

图 13-36 图形效果

13.2.3 实战——替换动作

选择"动作"菜单列表中的"替换动作"选项，可以将当前所有动作替换为从硬盘中装载的动作文件。

素材位置	素材 > 第 13 章 > 动作集 2.aia
效果位置	无
视频位置	视频 > 第 13 章 >13.2.3 实战——替换动作 .mp4

01 展开"动作"面板，在"动作"面板中，选择相应动作组，如图13-37所示。

图 13-37 选择相应动作组

02 单击"动作"面板右上方的 ≡ 按钮，在弹出的面板菜单中，选择"替换动作"选项，如图13-38所示。

图 13-38 选择"替换动作"选项

03 弹出"载入动作集自"对话框，选择相应的动作组，如图13-39所示。

图 13-39 选择相应的动作组

04 单击"打开"按钮，即可替换动作，如图13-40所示。

图 13-40 替换动作

13.2.4 实战——重置动作

在Illustrator CC 2017中，重置动作将使用安装时的默认动作代替当前"动作"面板中的所有动作。

素材位置	无
效果位置	无
视频位置	视频 > 第 13 章 >13.2.4 实战——重置动作 .mp4

01 在菜单栏中单击"窗口"|"动作"命令，弹出"动作"面板，如图13-41所示。

图 13-41 展开"动作"面板

02 单击面板右上方的≡按钮，在弹出的面板菜单中选择"重置动作"选项，如图13-42所示。

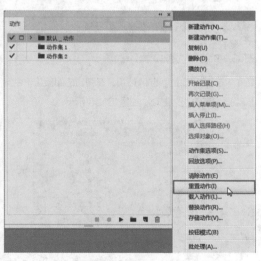

图 13-42 选择"重置动作"选项

03 执行上述操作后，弹出信息提示框，如图13-43所示。

图 13-43 弹出信息提示框

04 单击"确定"按钮，即可重置动作，如图13-44所示。

图 13-44 重置动作

13.2.5 实战——插入停止动作

在进行动作录制时，并不是所有操作都可以被记录，若操作无法被录制且需要执行时可以插入一个"停止"提示，以提示手动操作。

素材位置	无
效果位置	无
视频位置	视频 > 第 13 章 >13.2.5 实战——插入停止动作 .mp4

01 展开"动作"面板，展开"简化（所选项目）"动作，在其中选择"简化"选项，如图13-45所示。

图 13-45 选择"简化"选项

02 单击面板右上角的 ≡ 按钮，在弹出的面板菜单中选择"插入停止"选项，如图13-46所示。

图 13-46 选择"插入停止"选项

03 执行上述操作后，弹出"记录停止"对话框，在"信息"文本框中输入"停止动作效果！"，如图13-47所示。

图 13-47 输入"停止动作效果！"

04 单击"确定"按钮，即可在"简化"选项的下方插入一个"停止"选项，如图13-48所示。

图 13-48 插入一个"停止"选项

13.2.6 实战——插入不可记录的任务 进阶

在Illustrator CC 2017中，并非所有的任务都能直接记录为动作，例如"效果"和"视图"菜单中的一些命令，用于显示或隐藏面板的命令，以及使用选择、钢笔、画笔、铅笔、渐变、网格、吸管、实时上色和剪刀等工具。虽然它们不能直接记录为动作，但可以插入到动作中。

素材位置	无
效果位置	无
视频位置	视频 > 第 13 章 >13.2.6 实战——插入不可记录的任务 .mp4

01 展开"动作"面板，展开"动作2"动作，在其中选择"矩形工具"选项，如图13-49所示。

图 13-49 选择"矩形工具"选项

02 单击面板右上角的 ≡ 按钮，在弹出的面板菜单中选择"插入菜单项"选项，如图13-50所示。

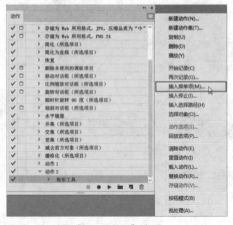

图 13-50 选择"插入菜单项"选项

03 弹出"插入菜单项"对话框，如图13-51所示。

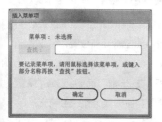

图 13-51　"插入菜单项"对话框

04 单击"视图"|"显示透明度网格"命令，如图13-52所示。

图 13-52　单击"显示透明度网格"命令

05 执行操作后，该命令会显示在"插入菜单项"对话框中，如图13-53所示。

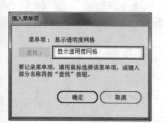

图 13-53　显示相应命令

06 单击"确定"按钮，即可在动作中插入该命令，如图13-54所示。

图 13-54　插入相应命令

13.2.7 实战——保存动作与加载动作

当录制了动作后，可以将动作进行保存，方便在以后的工作中使用。另外，用户也可以将磁盘中所存储的动作文件，加载至当前动作列表中。

素材位置	无
效果位置	效果 > 第 13 章 > 默认 _ 动作 .aia
视频位置	视频 > 第 13 章 >13.2.7 实战——保存动作与加载动作 .mp4

01 展开"动作"面板，在"动作"面板中，选择相应动作组，单击面板右上方的 ≡ 按钮，在弹出的面板菜单中，选择"存储动作"选项，如图13-55所示。

图 13-55　选择"存储动作"选项

02 弹出"将动作集存储到"对话框，单击"保存"按钮，即可存储动作，如图13-56所示。

图 13-56 "将动作集存储到"对话框

"存储动作"选项只能存储动作组，而不能存储单个的动作，而载入动作可将在网上下载的或者磁盘中所存储的动作文件添加到当前的动作列表中。

03 单击面板右上方的 ≡ 按钮，在弹出的面板菜单中选择"载入动作"选项，弹出"载入动作集自"对话框，选择需要载入的动作选项，如图13-57所示。

图 13-57 选择需要载入的动作选项

04 单击"打开"按钮，执行操作后，即可在"动作"面板中载入相应动作组，如图13-58所示。

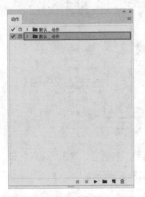

图 13-58 载入动作组

13.2.8 重新编排命令顺序

排列命令顺序与调整图层顺序相同，要改变动作中的命令顺序，只需要拖曳此命令至新位置，释放鼠标，即可改变顺序。

展开"动作"面板，在"动作"面板中选择"恢复"动作，单击鼠标左键并向下拖曳，如图13-59所示。

图 13-59 单击鼠标左键并向下拖曳

拖曳鼠标至合适位置后，释放鼠标左键，即可改变"恢复"动作命令的顺序，如图13-60所示。

图 13-60 改变命令的顺序

如果要切换"标准模式"与"按钮模式"，可以将鼠标移至"动作"面板右上角的 ≡ 按钮上，单击鼠标左键，在弹出的面板菜单中选择"标准模式"或"按钮模式"选项。

13.3 习题测试

习题1 使用动作处理图像

素材位置	素材 > 第 13 章 > 习题 1.ai
效果位置	效果 > 第 13 章 > 习题 1.ai
视频位置	视频 > 第 13 章 > 习题 1：使用动作处理图像 .mp4

　　本习题需要练习使用动作处理图像的操作，素材与效果如图13-61所示。

图 13-61　素材与效果

习题2 复制和删除图像动作

素材位置	素材 > 第 13 章 > 习题 2.ai
效果位置	效果 > 第 13 章 > 习题 2.ai
视频位置	视频 > 第 13 章 > 习题 2：复制和删除图像动作 .mp4

　　本习题需要练习复制和删除图像动作的操作，素材与效果如图13-62所示。

图 13-62　素材与效果

习题3 编辑图像动作

素材位置	素材 > 第 13 章 > 习题 3. ai
效果位置	效果 > 第 13 章 > 习题 3.ai
视频位置	视频 > 第 13 章 > 习题 3：编辑图像动作 .mp4

　　本习题需要练习编辑图像动作的操作，素材与效果如图13-63所示。

图 13-63　素材与效果

<table>
<tr><td>第</td><td>**14**章</td><td colspan="2">优化、输出与打印图形</td></tr>
</table>

在Illustrator CC 2017中，不管是文本对象，还是应用了各种特殊效果的图形对象或图像，用户都可以根据需要设置不同的打印参数，将其打印输出。用户不仅可以设置打印机的属性，还可以通过Illustrator CC 2017中的打印设置，以更加合适的方式打印输出文字、图形或图像。本章主要向读者介绍优化、输出与打印图形的操作方法。

课堂学习目标
- 掌握优化图像文件的操作方法
- 掌握切片工具的使用方法
- 掌握打印成品文件的操作方法

扫码观看本章
实战操作视频

14.1 优化图像文件

在Illustrator CC 2017中，用户可以根据需要对图像进行优化，以减小图像的大小。尤其是在Web上发布图像时，较小的图像可以使Web服务器更加高效地存储和传输图像，同时用户也可以更快速地下载图像。

14.1.1 实战——将图形文件存储为Web格式 重点

用户通过运用Illustrator CC 2017的优化功能可以在不同的Web图形格式和不同的文件属性下对同一图像进行不同的优化设置，以得到最佳效果。

素材位置	素材 > 第 14 章 >14.1.1.ai
效果位置	效果 > 第 14 章 >14.1.1.gif
视频位置	视频 > 第 14 章 >14.1.1 实战——将图形文件存储为 Web 格式 .mp4

01 单击"文件"|"打开"命令，打开一幅素材图像，如图14-1所示。

图 14-1 打开素材图像

02 单击"文件"|"导出"|"存储为Web所用格式"命令，如图14-2所示。

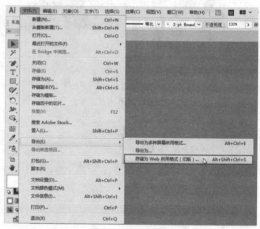

图 14-2 单击相应命令

03 弹出"存储为Web所用格式"对话框，如图14-3所示，可以用来选择优化选项及预览优化的图像。

图 14-3 "存储为 Web 所用格式"对话框

04 单击"存储"按钮,弹出"将优化结果存储为"对话框,设置路径和名称,如图14-4所示,单击"保存"按钮,即可完成操作。

图 14-4 "将优化结果存储为"对话框

14.1.2 实战——选择合适的文件格式

在Illustrator CC 2017中常以GIF、JPEG、PNG、和SVG文件格式输出。

这些格式的作用及功能分别如下。

◆ GIF格式:适用于颜色较少、颜色数量有限及细节清晰的图像,如文字。GIF格式采用无损失的压缩方式,这种压缩方式可使文件最小化,并且可加快信息传输的时间,以及支持背景色为透明或者实色。GIF格式由于它只支持8位元色彩,所以将24位元的图像优化成8位元的GIF格式,文件的品质通常会有损失。

◆ JPEG:支持24位元色彩,适用于包含全彩、渐变和具有连续色调的图像。由于JPEG格式不支持透明,因此,当有透明区域的文件存储为JPEG格式时,透明区域会被填充为实色。因此,最好将优化的图像的背景颜色设置为与网页背景色相同的颜色。但若是网页的背景色不是单一的颜色,而是图案时,最好将具有透明区域的图像存储为支持透明的文件格式,如GIF和PNG格式。

◆ PNG格式:该格式包括PNG-8和PNG-24两种格式。PNG-8格式支持8位元色彩,与GIF格式一样,适用于颜色较少、颜色数量有限及细节清晰的图像。PNG-24格式支持24位元色彩,与JPEG格式一样,支持具有连续色调的图像。PNG-8和PNG-24格式使用的文件要比JPEG格式的文

件大。PNG格式支持背景色为透明或者实色,并且PNG-24格式支持多级透明,即不同程度的透明,如透明为半透明等,但并不是所有浏览器都支持这种多级透明。

◆ SVG格式:是一种开放式标准格式,具有广泛的支持,并不受某个单独的公司拥有与控制。这种格式是由一些公司联合创建的,包括Adobe、Apple、Corel、HP、IBM和Microsoft等公司。

素材位置	素材 > 第 14 章 >14.1.2.ai
效果位置	效果 > 第 14 章 >14.1.2. jpg
视频位置	视频 > 第 14 章 >14.1.2 实战——选择合适的文件格式 .mp4

01 单击"文件"|"打开"命令,打开一幅素材图像,如图14-5所示。

图 14-5 打开素材图像

02 单击"文件"|"导出"|"存储为Web所用格式"命令,弹出"存储为Web所用格式"对话框,设置"优化的文件格式"为JPEG,如图14-6所示。

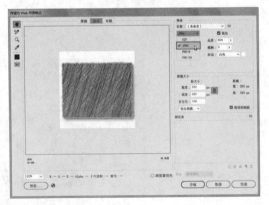

图 14-6 设置参数

03 单击"存储"按钮,弹出"将优化结果存储为"对话框,设置路径和名称,如图14-7所示,单击"保存"按钮,即可完成操作。

图14-7 "将优化结果存储为"对话框

14.1.3 实战——优化图像的像素大小 进阶

用户可在"存储为Web所用格式"对话框中输入相应的数值，以改变图像的尺寸。

在"存储为Web所用格式"对话框右侧的"图像大小"选项区中，用户可以设置图14-8所示的选项及参数。

图14-8 "图像大小"选项区中的选项及参数

该选项区中的选项及参数含义如下。

◆ 宽度：在其右侧文本框中设置数值，可以改变图像的宽度。

◆ 高度：在其右侧文本框中设置数值，可以改变图像的高度。

◆ 百分比：在其右侧文本框中设置数值，可以改变图像的整体缩放比例。

◆ 保留原始图像比例 ：激活该图标，在改变图像的任意一个参数时，其余的参数也会按比例相应地发生改变。

◆ 剪切到画板：选中该复选框，可使图像与画板边界大小相匹配。如图像超出画板的边界，超出的部分将被裁剪掉。

素材位置	素材 > 第 14 章 >14.1.3.ai
效果位置	效果 > 第 14 章 >14.1.3.png
视频位置	视频 > 第 14 章 >14.1.3 实战——优化图像的像素大小 .mp4

01 单击"文件"|"打开"命令，打开一幅素材图像，如图14-9所示。

魅力

图14-9 打开素材图像

02 单击"文件"|"导出"|"存储为Web所用格式"命令，弹出"存储为Web所用格式"对话框，设置"优化的文件格式"为PNG-8，如图14-10所示。

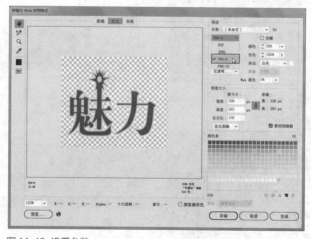

图14-10 设置参数

03 在右侧的"图像大小"选项区中，设置"宽度"为500px，如图14-11所示。

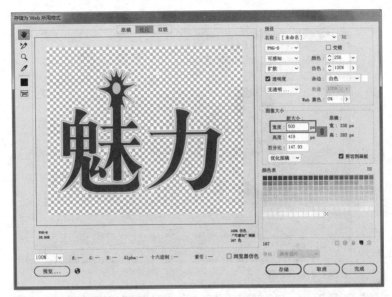

图 14-11 设置"宽度"选项

04 单击"存储"按钮，会弹出"将优化结果存储为"对话框，然后设置路径和名称，如图14-12所示，单击"保存"按钮，即可完成操作。

图 14-12 "将优化结果存储为"对话框

专家指点

PNG-8 格式是用于压缩具有单调颜色和清晰细节的图像（如艺术线条、徽标或带文字的插图）的标准格式。PNG-8 格式可有效地压缩纯色区域，同时保留清晰的细节。

14.1.4 实战——优化图像的颜色

图像所使用的调色板中的颜色数越少，所产生的文件也就越小，但图形的质量也会越差。优化调色板也就

是调整调色板中颜色的数量，以获得文件大小和图像间的最佳颜色数量。

颜色面板显示了GIF或PNG-8图像中的全部颜色。在颜色表中可以增加颜色、删除颜色、编辑颜色等，也可以锁定颜色，以防止颜色被删除。

素材位置	素材 > 第 14 章 >14.1.4.ai
效果位置	效果 > 第 14 章 >14.1.4. gif
视频位置	视频 > 第 14 章 >14.1.4 实战——优化图像的颜色 .mp4

01 单击"文件"|"打开"命令，打开一幅素材图像，如图14-13所示。

图 14-13 打开素材图像

02 单击"文件"|"导出"|"存储为Web所用格式"命令，弹出"存储为Web所用格式"对话框，设置"名称"为"GIF 128 仿色"，如图14-14所示。

图 14-14 设置参数

03 在对话框的左侧选取吸管工具 ，然后在图形预览区中需要增加的颜色处单击鼠标左键，如图14-15所示。

图 14-15 选择颜色

04 执行操作后，即可在颜色表中锁定相应的颜色，在需要编辑的颜色处双击鼠标左键，如图14-16所示。

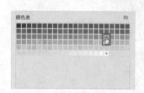

图 14-16 双击鼠标左键

05 弹出"拾色器"对话框，设置CMYK参数值分别为18%、55%、0%、0%，如图14-17所示。

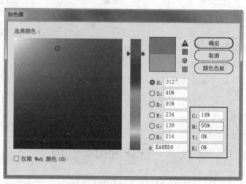

图 14-17 设置 CMYK 参数值

06 单击"确定"按钮，即可改变当前选择的颜色，如图14-18所示。

图 14-18 改变当前选择的颜色

07 单击"存储"按钮，会弹出"将优化结果存储为"对话框，然后设置路径和名称，如图14-19所示，单击"保存"按钮，即可完成操作。

图 14-19 "将优化结果存储为"对话框

08 在保存的文件夹中可以打开图像查看效果，如图14-20所示。

图 14-20 图像效果

14.2 使用切片工具

切片主要用于定义一幅图像的指定区域，用户一旦定义好切片后，这些图像区域可以用于模拟动画和其他的图像效果。

14.2.1 通过切片工具创建切片 重点

从图层中创建切片时，切片区域将包含图层中的所有像素数据。如果移动该图层或编辑其内容，切片区域将自动调整以包含改变后图层的新像素。

01 确定需要编辑的图像，如图14-21所示。

图 14-21 确定需要编辑的图像

02 选取工具面板中的切片工具，拖曳鼠标指针至图像编辑窗口中的左上方，单击鼠标左键并向右下方拖曳，创建一个用户切片，如图14-22所示。

图 14-22 创建用户切片

图 14-23 打开素材图像　图 14-24 创建切片

专家指点

当使用切片工具创建用户切片区域时，在用户切片区域之外的区域将生成自动切片，每次添加或编辑用户切片时都将重新生成自动切片，自动切片是由点线定义的。

可以将两个或多个切片组合为一个单独的切片，Illustrator CC 2017 利用通过连接组合切片的外边缘创建的矩形来确定所生成切片的尺寸和位置。如果组合切片不相邻、比例或对齐方式不同，则新组合的切片可能会与其他切片重叠。

14.2.2 实战——通过切片选择工具选择切片

运用切片工具，在图像中间的任意区域拖曳出矩形边框，释放鼠标，会生成一个编号为03的切片（在切片左上角显示数字），在03号切片的左、右和下方会自动形成编号为01、02、04和05的切片，03切片为"用户切片"，每创建一个新的用户切片，自动切片就会重新标注数字。

在Illustrator CC 2017中创建切片后，用户可运用切片选择工具选择切片。

素材位置	素材 > 第 14 章 >14.2.2.ai
效果位置	效果 > 第 14 章 >14.2.2.ai
视频位置	视频 > 第 14 章 >14.2.2 实战——通过切片选择工具选择切片 .mp4

01 单击"文件"|"打开"命令，打开一幅素材图像，如图14-23所示。

02 选取工具面板中的切片工具 ✐，拖曳鼠标指针至图像编辑窗口中的合适位置，单击鼠标左键并向右下方拖曳，创建切片，如图14-24所示。

03 选取工具面板中的切片选择工具 ✐，如图14-25所示。

04 移动鼠标指针至图像编辑窗口中的用户切片内，单击鼠标左键，即可选择切片，如图14-26所示。

图 14-25 选取切片选择工具　图 14-26 选择切片

14.2.3 实战——通过切片选择工具调整切片　**进阶**

使用切片选择工具，选定要调整的切片，此时切片的周围会出现4个控制柄，用户可以对这4个控制柄进行拖曳，来调整切片的位置和大小。

素材位置	素材 > 第 14 章 >14.2.3.ai
效果位置	效果 > 第 14 章 >14.2.3.ai
视频位置	视频 > 第 14 章 >14.2.3 实战——通过切片选择工具调整切片 .mp4

01 单击"文件"|"打开"命令，打开一幅素材图像，如图14-27所示。

02 选取工具面板中的切片工具 ✐，然后拖曳鼠标指针至图像编辑窗口中的合适位置，单击鼠标左键并向右下方拖曳，创建切片，如图14-28所示。

图 14-27　打开素材图像　　图 14-28　创建切片

03 选取工具面板中的切片选择工具 ，移动鼠标指针至图像编辑窗口中的用户切片内，单击鼠标左键，即可选择切片并调出变换控制框，如图14-29所示。

04 拖曳鼠标指针至变换控制框右下方的控制柄上，此时鼠标指针呈双向箭头形状，单击鼠标左键并向右下方拖曳至合适位置，即可调整切片，如图14-30所示。

图 14-29　调出变换控制框　　图 14-30　调整切片

专家指点

在 Illustrator CC 2017 中，运用锁定切片可阻止在编辑操作中重新调整尺寸、移动，甚至变更切片。在菜单栏中，单击"视图"｜"锁定切片"命令，执行操作后，即可锁定切片。

在 Illustrator CC 2017 中，可以将多余的切片删除。选取工具箱中的切片选择工具 ，拖曳鼠标至图像编辑窗口中的用户切片内单击鼠标选择切片，按【Delete】键，即可删除用户切片。

14.3 打印成品文件

　　无论是使用各种工具进行图形绘制，还是使用各种命令对图形进行处理，对于设计师而言，最终的目的都是希望将设计作品发布到网络中或打印出来。但无论哪一种方式，在作品还没成稿之前，通常要将小样打印出来，用来检验、修改错误，或给客户看初步的效果。因此，有关打印方面的知识是设计人员必须掌握的。

14.3.1 实战——设置打印区域 `进阶`

　　用户在进行打印作品前，了解一些关于打印的基本知识，能够使打印工作顺利地完成。

　　与打印相关的基础知识如下。

◆ 打印类型：打印文件时，系统可以将文件传送到打印机处理，然后将文件打印在纸上、传送到印刷机上，或是转变为胶片的正片或负片。

◆ 图像类型：最简单的图像类型，例如一页文字只会用到单一灰阶中的单一颜色，一个复杂的影像会有不同的颜色色调，这就是所谓的连续调影像，如扫描的图片。

◆ 半色调：打印时若要制作连续调的效果，必须将影像转化成栅格状分布的网点图像，这个步骤被称为半连续调化。在半连续调化的画面中，若改变网点的大小和密度，就会产生暗或亮的层次变化视觉效果。在固定坐标方格上的点越大，每个点之间的空间就越小，这样就会产生更暗的视觉效果。

◆ 分色：通常在印刷前都必须将需要印刷的文件进行分色处理，即将包含多种颜色的文件，输出分离在青色、洋红色、黄色和黑色4个印版上，这个过程被称为分色。通过分色，将得到青色、洋红色、黄色和黑色4个印版，在每个印版上应用适当的油墨并对齐，即可得到最终所需要的印刷品。

◆ 透明度：若需要打印的文件中包括了设置透明度的对象，在打印时，系统将根据情况先将该对象位图化，然后再进行打印。

◆ 保留细节：打印文件的细节由输出设计的分辨率和显示器频率决定，输出设备的分辨率越高，就有越精细的网线数，从而在最大程度上得到更多的细节。

　　在Illustrator CC 2017中，单击"文件"｜"打印"命令，弹出"打印"对话框，如图14-31所示。在该对话框中，用户可以根据需要打印输出对象的特性，以及所要打印输出的打印要求进行更多的相关设置。下面将对"打印"对话框中的各选项及其他的主要参数选项进行简单的介绍。

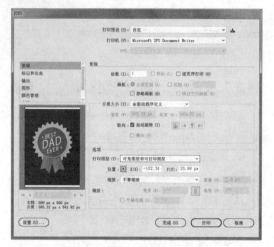

图 14-31 "打印"对话框

在"打印"对话框的最上方有"打印预设""打印机"和"PPD"3个参数选项。这3个选项不会随用户对"打印"对话框中的选项进行设置而改变。

"打印"对话框最上方3个选项的含义如下。

◆ 打印预设：在其右侧的下拉列表框中，用户可以选择打印设置的方式，有"自定"和"默认"两个选项。

◆ 打印机：用户在其右侧的下拉列表框中，可以选择所要使用的打印机。

◆ PPD：用户在其右侧的下拉列表框中，可以设置打印机所需描述的文件。

在"打印"对话框的"设置选项类型"列表框中，选择"常规"选项，即可显示"常规"选项区域。

"常规"选项设置区域的主要选项含义如下。

◆ 份数：在其右侧的文本框中输入所要打印输出的文件的份数。

◆ 拼版：选中该复选框，将可在打印多页文件时，设置文件打印输出的页面的顺序。

◆ 逆页序打印：选中该复选框，可以在打印多页文件时，将所设置的打印输出的文件页序，按反向顺序进行打印输出。

◆ 介质大小：其右侧下拉列表框中的选项用于设置所要打印输出的页面尺寸。

◆ "宽度"和"高度"选项：用户若在"介质大小"下拉列表中选择"自定义"选项时，该选项为可用状态。用户可在这两个文本框中自由设置所需打印输出的页面尺寸大小。

◆ 取向：用于设置打印输出的页面方向。用户只需单击相应的方向按钮，即可选择所需的方向。

◆ 打印图层：在其右侧的下拉列表中，用户可以选择打印图层的类型，有"可见图层和可打印图层""可见图层""所有图层"这3个选项。

◆ "缩放"列表框选择"不要缩放"选项，可以按打印对象在页面中的原有比例进行打印输出；选择"调整到页面大小"选项，可以将打印对象缩放至适合页面的最大比例进行打印输出；选择"自定"选项，可以自定义打印对象在页面中的比例大小进行打印输出。

素材位置	素材 > 第 14 章 >14.3.1.ai
效果位置	效果 > 第 14 章 >14.3.1.ai
视频位置	视频 > 第 14 章 >14.3.1 实战——设置打印区域 .mp4

01 单击"文件"|"打开"命令，打开一幅素材图像，如图14-32所示。

图 14-32 打开素材图像

02 单击"文件" | "打印"命令，弹出"打印"对话框，在左侧的列表框中选择"常规"选项，如图14-33所示。

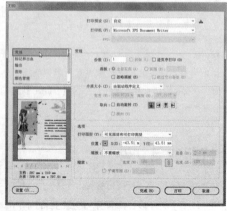

图 14-33 选择"常规"选项

03 在"选项"选项区的"缩放"列表框中选择"调整到页面大小"选项,如图14-34所示。

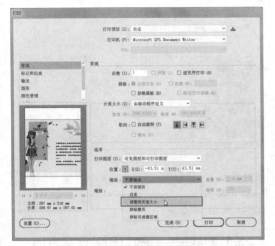

图 14-34 选择"调整到页面大小"选项

04 执行操作后,即可修改打印区域的大小,如图14-35所示,单击"完成"按钮。

图 14-35 修改打印区域的大小

专家指点

按【Ctrl + P】组合键,也可以弹出"打印"对话框。

14.3.2 实战——预览打印颜色条

在"打印"对话框的"设置选项类型"列表框中,选择"标记和出血"选项,即可显示"标记和出血"选项区域。

"标记和出血"选项设置区域的主要选项含义如下:

◆ 所有印刷标记:选中该复选框,可以在打印的页面中打印所有的打印标记。

◆ 裁切标记:选中该复选框,可以在打印的页面中打印垂直和水平裁切标记。

◆ 套准标记:选中该复选框,可以在打印的页面中打印用于对准各个分色页面的定位标记。

◆ 颜色条:选中该复选框,可以在打印的页面中,打印用于校正颜色的色彩色样。

◆ 页面信息:选中该复选框,可以在打印的页面中打印用于描述打印对象页面的信息,如打印的时间、日期、网线等信息。

◆ 印刷标记类型:在其右侧的下拉列表框中,可以设置打印标记的类型,有"西式"和"日式"两种式样。

◆ 裁切标记粗细:在右侧的文本框中输入数值,可用于设置裁切标记与打印页面之间的距离。

素材位置	素材 > 第 14 章 >14.3.2.ai
效果位置	效果 > 第 14 章 >14.3.2.ai
视频位置	视频 > 第 14 章 >14.3.2 实战——预览打印颜色条.mp4

01 单击"文件"|"打开"命令,打开一幅素材图像,如图14-36所示。

图 14-36 打开素材图像

02 单击"文件"｜"打印"命令，弹出"打印"对话框，在"选项"选项区设置"缩放"为"调整到页面大小"，如图14-37所示。

图 14-37 调整到页面大小

03 在左侧的列表框中选择"标记和出血"选项，如图14-38所示。

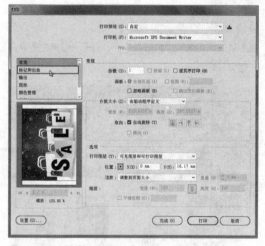

图 14-38 选择"标记和出血"选项

04 在"标记"选项区中选中"颜色条"复选框，即可在预览区域显示颜色条，如图14-39所示，单击"完成"按钮。

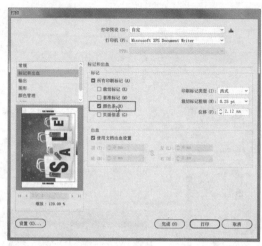

图 14-39 显示颜色条

14.3.3 实战——修改打印的作品方向

在"打印"对话框的"设置选项类型"列表框中，选择"输出"选项，即可显示"输出"选项区域。

"输出"选项设置区域的主要选项含义如下。

◆ 模式：在其右侧的下拉列表中，用户可以选择"复合""分色"等打印模式。

◆ 药膜：是指胶片或纸张的感光层所在面。药膜一般分为"向下"和"向上"两种。"向上"是指旋转胶片或纸张时，其感光层被朝上放置，打印出的图形图像和文字可以直接阅读，也就是正读；"向下"是指放置胶片或纸张时，其感光层被朝下放置，打印出的图形图像和文字不可以直接阅读，而显示为反向的，也就是反读。

◆ 图像：在其右侧的下拉列表中，用户可以选择"正片"和"负片"两种。"正片"如同人们日常所使用的相片，而"负片"如同底片的概念。

◆ 打印机分辨率：在其右侧的下拉列表中，用户可以设置打印输出的网线线数和分辨率。网线线数和分辨率越大，所打印出的图像画面效果越清晰，但是打印的速度也就越慢。

素材位置	素材 > 第 14 章 >14.3.3.ai
效果位置	效果 > 第 14 章 >14.3.3.ai
视频位置	视频 > 第 14 章 >14.3.3 实战——修改打印的作品方向 .mp4

01 单击"文件"｜"打开"命令，打开一幅素材图像，如图14-40所示。

图 14-40 打开素材图像

02 单击"文件"｜"打印"命令，弹出"打印"对话框，在"常规"选项区设置"缩放"为"调整到页面大小"，如图14-41所示。

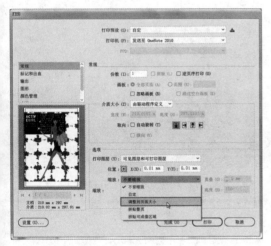

图 14-41 调整到页面大小

在"打印"对话框的"设置选项类型"列表框中，选择"图形"选项，即可显示"图形"选项区域。

"图形"选项设置区域的主要选项含义如下。

◆ 路径：用于设置打印对象中路径形状的打印输出质量。当打印对象中的路径为曲线时，用户若设置偏向"品质"，那么将会使路径线条具有平滑的过渡；若设置偏向"速度"，那么将会使路径线条变得粗糙。

◆ PostScript：用于设置PostScript格式的图形、字体的输出兼容性级别。

◆ 数据格式：用于设置数据输出的格式。

03 在左侧的列表框中选择"输出"选项，如图14-42所示。

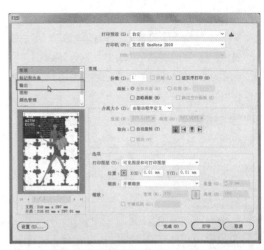

图 14-42 选择"输出"选项

04 在"输出"选项区中设置"药膜"为"向下（正读）"，即可改变打印的方向，如图14-43所示。

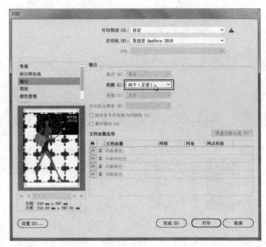

图 14-43 改变打印的方向

14.3.4 修改打印输出时的渲染方法 重点

在"打印"对话框的"设置选项类型"列表框中，选择"颜色管理"选项，即可显示"颜色管理"选项区域。

"颜色管理"选项设置区域的主要选项含义如下。

◆ 颜色处理：文件在打印时，为保留其外观，Illustrator CC 2017会将文件转换为适合于选中打印机的颜色值。

◆ 打印机配置文件：用于设置打印对象的颜色配置文件。

◆ 渲染方法：用于设置配置文件转换为目的配置文件的颜色属性选项。

单击"文件"｜"打印"命令，弹出"打印"对话框，如图14-44所示。在左侧的列表框中选择"颜色管理"选项，在"打印方法"选项区中设置"渲染方法"为"饱和度"，即可改变打印输出时的渲染方法，如图14-45所示。

图 14-44 "打印"对话框

图 14-45 设置"渲染方法"

14.3.5 设置打印的作品分辨率　进阶

在"打印"对话框的"设置选项类型"列表框中，选择"高级"选项，即可显示"高级"选项区域，在"预设"列表框中可以设置打印时的分辨率高低。另外，用户可以选中"打印成位图"复选框，将当前的打印对象作为位图图像进行打印输出。

01 单击"文件"｜"打印"命令，弹出"打印"对话框，在"常规"选项区设置"缩放"为"调整到页面大小"，并选中"自动旋转"复选框，如图14-46所示。

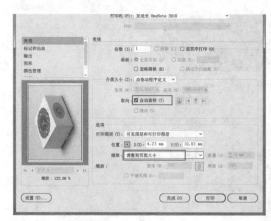

图 14-46 设置"常规"选项

02 在左侧的列表框中选择"高级"选项，如图14-47所示。

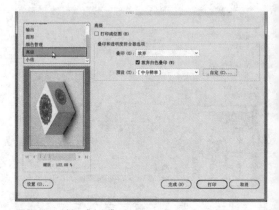

图 14-47 选择"高级"选项

03 在"叠印和透明度拼合器选项"选项区中设置"预设"为"用于复杂图稿"，如图14-48所示，单击"完成"按钮。

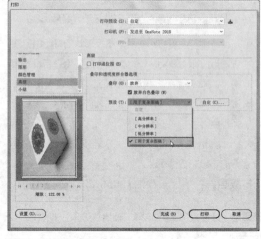

图 14-48 设置"高级"选项

14.3.6 实战——查看打印的作品信息

在"打印"对话框的"设置选项类型"列表框中，选择"小结"选项，即可显示"小结"选项区域，在此可以查看打印信息。

"小结"选项设置区域中的主要选项含义如下。

◆ 选项：该区域显示的是用户在"打印"对话框中设置的参数信息。

◆ 警告：该区域显示的是用户在"打印"对话框中设置的参数选项会导致问题和冲突时出现的信息提示。

◆ 存储小结：单击该按钮，可以在打开的对话框中保存小结信息。

素材位置	素材 > 第 14 章 >14.3.6.ai
效果位置	效果 > 第 14 章 >14.3.6.ai
视频位置	视频 > 第 14 章 >14.3.6 实战——查看打印的作品信息 .mp4

01 单击"文件"|"打开"命令，打开一幅素材图像，如图14-49所示。

图 14-49 打开素材图像

02 单击"文件" | "打印"命令，弹出"打印"对话框，在"常规"选项区中设置"缩放"为"调整到页面大小"，并选中"自动旋转"复选框，如图14-50所示。

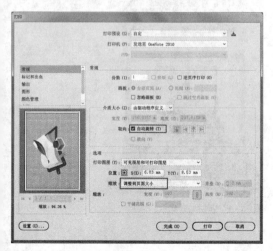

图 14-50 设置"常规"选项

03 在左侧的列表框中选择"小结"选项，如图14-51所示。

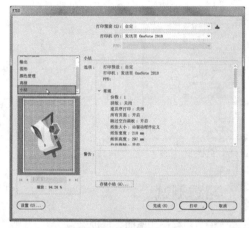

图 14-51 选择"小结"选项

04 单击右侧的"存储小结"按钮，如图14-52所示。

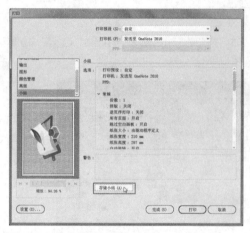

图 14-52 单击"存储小结"按钮

05 弹出"存储为"对话框，设置相应的保存路径，单击"保存"按钮，如图14-53所示，返回"打印"对话框，单击"完成"按钮。

图 14-53 单击"保存"按钮

06 用户可以在保存小结的位置打开相应的TXT文档,查看打印的信息,如图14-54所示。

图 14-54 查看打印信息

14.4 习题测试

习题1 设置"标记和出血"选项区域

素材位置	素材 > 第 14 章 > 习题 1.ai
效果位置	效果 > 第 14 章 > 习题 1.ai
视频位置	视频 > 第 14 章 > 习题 1: 设置"标记和出血"选项区域 .mp4

本习题需要练习设置"标记和出血"选项区域的操作,素材与效果如图14-55所示。

图 14-55 素材与效果

习题2 使用切片工具创建切片

素材位置	素材 > 第 14 章 > 习题 2.ai
效果位置	效果 > 第 14 章 > 习题 2.ai
视频位置	视频 > 第 14 章 > 习题 2: 使用切片工具创建切片 .mp4

本习题需要练习使用切片工具创建切片的操作,素材与效果如图14-56所示。

图 14-56 素材与效果

习题3 使用切片选择工具调整切片

素材位置	素材 > 第 14 章 > 习题 3. ai
效果位置	效果 > 第 14 章 > 习题 3.ai
视频位置	视频 > 第 14 章 > 习题 3: 使用切片选择工具调整切片 .mp4

本习题需要练习使用切片选择工具调整切片的操作,素材与效果如图14-57所示。

图 14-57 素材与效果

案例实战——企业VI设计

VI是视觉识别的英文简称。它借助一切可见的视觉符号在企业内外传递与企业相关的信息。VI能够将企业识别的基本精神及差异性,利用视觉符号充分地表达出来,对外传达企业的经营理念与情报信息,从而使消费公众识别并认知。在企业内部,VI则通过标准识别来划分生产区域、工种类别,统一视觉要素,以利于规范化管理和增强员工归属感。

课堂学习目标

● 制作标志设计——龙飞摄影　　　　● 制作大门设计——海天图书

扫码观看本章
实战操作视频

15.1 标志设计——龙飞摄影

本实例设计的是龙飞摄影传媒制作公司VI设计之企业标志设计,标志整体寓意明显,简洁而又活泼,并富有突破感和时代气息感,实例效果如图15-1所示。

图 15-1 实例效果

15.1.1 实战——制作标志整体效果

本实例主要运用椭圆工具与"渐变"面板,制作出企业标志的整体效果。

素材位置	无
效果位置	无
视频位置	视频 > 第 15 章 >15.1.1 实战——制作标志整体效果 .mp4

01 单击"文件"|"新建"命令,新建一个空白文档,如图15-2所示。

图 15-2 新建空白文档

02 选取工具面板中的椭圆工具 ⬭ ,在控制面板中,设置"填色"为"无","描边"为"无",如图15-3所示。

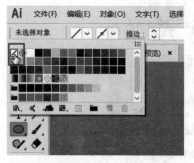

图 15-3 设置选项

03 按住【Alt + Shift】组合键,在图像窗口中绘制一个圆形,如图15-4所示。

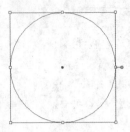

图 15-4 绘制圆形

04 展开"渐变"面板，在"类型"列表框中选择"径向"选项，如图15-5所示。

图 15-5 选择"径向"选项

05 双击0%位置的渐变滑块，在弹出的面板中设置CMYK参数值分别为0%、17%、0%、0%，如图15-6所示。

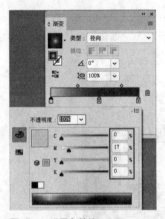

图 15-6 设置参数值

06 双击100%位置的渐变滑块，在弹出的面板中设置CMYK参数值分别为35%、100%、100%、2%，如图15-7所示。

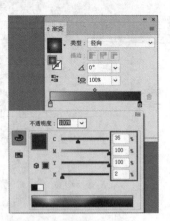

图 15-7 设置参数值

07 在渐变条上添加一个渐变滑块，设置"位置"为55.76%，如图15-8所示。

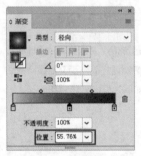

图 15-8 添加渐变滑块

08 双击新添加的渐变滑块，在弹出的面板中设置CMYK参数值分别为0%、96%、94%、0%，如图15-9所示。

图 15-9 设置参数值

09 执行操作后，即可制作出企业标志的整体效果，如图15-10所示。

图 15-10　整体效果

15.1.2　实战——制作标志细节效果

本实例主要运用"路径查找器"面板和添加素材，完善企业标志的细节效果。

素材位置	素材 > 第 15 章 >15.1.2（1）.ai、15.1.2（2）.ai
效果位置	效果 > 第 15 章 >15.1.2.ai
视频位置	视频 > 第 15 章 >15.1.2 实战——制作标志细节效果 .mp4

01 选中所绘制的圆形，单击"编辑"|"复制"命令，复制图形，如图15-11所示。

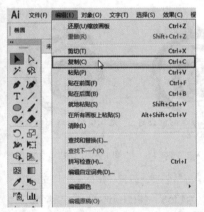

图 15-11　单击"复制"命令

02 单击"编辑"|"粘贴"命令，粘贴所复制的图形，如图15-12所示。

图 15-12　粘贴所复制的图形

03 调整所复制圆形的大小与位置，然后选中两个圆形，如图15-13所示。

图 15-14　调整并选中两个圆形

04 调出"路径查找器"面板，单击"减去顶层"按钮，如图15-14所示。

图 15-14　单击"减去顶层"按钮

05 执行操作后，即可得到一个月牙形的图形效果，如图15-15所示。

06 单击"文件"|"打开"命令，打开一幅素材图像，如图15-16所示。

图 15-15　图形效果　　　　图 15-16　打开素材图像

07 运用选择工具 ▶ 将其拖曳至新建的文档窗口中，并调整至合适位置，如图15-17所示。

08 单击"文件"|"打开"命令，打开一幅素材图像，如图15-18所示。

图 15-17　调整图形位置　　　图 15-18　打开素材图像

09 运用选择工具 ▶ 将其拖曳至新建的文档窗口中，适当地调整图形的大小和位置，即可完成企业标志的制作,如图15-19所示。

图 15-19 调整图形的大小与位置

在绘制月牙形图形时,用户可以对所选择的图形进行水平对齐后,再使用"减去顶层"形状模式,可以使用制作出的图形效果更加标准。

15.1.3 实战——制作标志文字效果

本实例主要运用文字工具 **T**,和"字符"面板,制作出企业标志的文字效果。

素材位置	上一例效果文件
效果位置	效果 > 第 15 章 >15.1.3.ai
视频位置	视频 > 第 15 章 >15.1.3 实战——制作标志文字效果 .mp4

01 选取工具面板中的文字工具 **T**,将鼠标指针移至图像窗口中,此时鼠标指针呈 形状,如图15-20所示。

02 在图像窗口中的合适位置单击鼠标左键,确认文字的插入点,如图15-21所示。

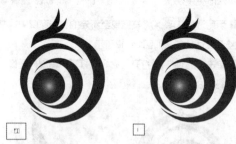

图 15-20 移动鼠标　　　图 15-21 确认文字的插入点

03 单击"窗口"|"文字"|"字符"命令,调出"字符"面板,设置"字体"为华文隶书,"字体大小"为50pt,"设置所选字符的字距调整"为50,"字符旋转"为2°,如图15-22所示。

04 运用文字工具 **T**,输入企业名称"龙飞摄影传媒制作公司",如图15-23所示。

图 15-22 设置字符选项　　图 15-23 输入企业名称

05 选取工具面板中文字工具 **T**,确认文字输入点后,输入相应的英文名称"LONG FEI PHOTOGRAPHY MEDIA PRODUCTION COMPANY",如图15-24所示。

06 运用选择工具 ▶ 选择英文文本,如图15-25所示。

图 15-24 输入英文名称　　图 15-25 选择英文文本

07 展开"字符"面板,设置"字体"为华文宋体,"字体大小"为17pt,"设置所选字符的字距调整"为60,如图15-26所示。

08 运用选择工具 ▶ 适当调整文本的位置,效果如图15-27所示。

图 15-26 设置文本属性　　图 15-27 调整文本的位置

15.2 大门设计——海天图书

本实例设计的是海天图书企业VI设计之企业大门设计，整幅设计以黄黑色调为主，不但非常直观地表达了公司的工作理念，而且还给人以视觉上的冲击力，实例效果如图15-28所示。

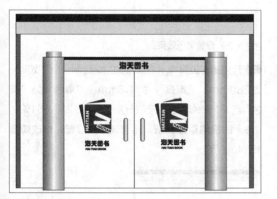

图 15-28 实例效果

15.2.1 实战——制作门框效果

本实例主要运用矩形工具■、、"填色"与"描边"选项，制作出企业大门的门框效果。

素材位置	无
效果位置	效果 > 第 15 章 >15.2.1.ai
视频位置	视频 > 第 15 章 >15.2.1 实战——制作门框效果 .mp4

01 单击"文件"|"新建"命令，弹出"新建文档"对话框，设置"名称"为"海天图书"，"宽度"为297mm，"高度"为210mm，如图15-29所示。

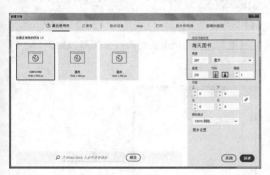

图 15-29 "新建文档"对话框

02 单击"创建"按钮，新建一个横向的空白文件，如图15-30所示。

图 15-30 新建横向空白文件

03 选取工具面板中的矩形工具■，在控制面板中设置"填色"为白色，"描边"为黑色，"描边粗细"为1pt，如图15-31所示。

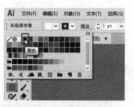

图 15-31 设置选项

04 将鼠标指针移至画板中，单击鼠标左键，弹出"矩形"对话框，设置"宽度"为280mm，"高度"为200mm，如图15-32所示。

图 15-32 "矩形"对话框

05 单击"确定"按钮，即可绘制一个相应大小的矩形图形，并调整好位置，如图15-33所示。

图 15-33 绘制矩形图形

06 运用矩形工具■，绘制一个"宽度"为5mm，"高度"为200mm的矩形长条图形，如图15-34所示。

图 15-34 绘制矩形长条

07 在控制面板中，设置"填色"为灰色（CMYK颜色参考值分别为0%、0%、0%、50%），如图15-35所示。

图 15-35 设置"填色"

08 执行操作后，即可修改矩形图形的颜色，如图15-36所示。

图 15-36 修改矩形图形的颜色

09 复制矩形长条，将其移至右侧的合适位置处，如图15-37所示。

图 15-37 复制矩形

10 运用矩形工具■，在页面的顶端绘制一个"宽度"为280mm，"高度"为10mm的横向矩形长条，如图15-38所示。

图 15-38 绘制横向的矩形长条

11 设置横向矩形长条的"填色"为黑色，效果如图15-39所示。

图 15-39 设置填色效果

12 运用矩形工具■，在页面的顶端绘制一个"宽度"为280mm、"高度"为14.3mm、"填色"为"黄色"（CMYK颜色参考值分别为5%、2%、51%、0%）的横向矩形长条，适当调整其位置，修改如图15-40所示。

图 15-40 绘制红色矩形

15.2.2 实战——制作门柱效果

本实例主要运用矩形工具、"渐变"面板、"对齐"面板等，制作出企业大门的门柱效果。

素材位置	上一例效果文件
效果位置	效果 > 第 15 章 >15.2.2.ai
视频位置	视频 > 第 15 章 >15.2.2 实战——制作门柱效果.mp4

01 运用矩形工具■，绘制一个"宽度"为25mm，"高度"为153mm的矩形长条图形，如图15-41所示。

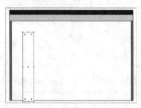

图 15-41 绘制矩形长条图形

02 单击"窗口"|"渐变"命令，打开"渐变"面板，设置"类型"为"线性"，如图15-42所示。

03 在渐变条的50%位置处添加一个渐变滑块，如图15-43所示。

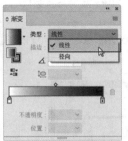 

图15-42 "渐变"面板　　图15-43 添加渐变滑块

04 设置第1个渐变滑块的颜色为深灰色（CMYK颜色参考值分别为36%、33%、31%、0%），如图15-44所示。

05 设置第2个渐变滑块的颜色为白色，如图15-45所示。

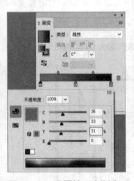 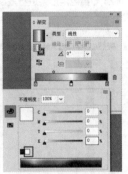

图15-44 设置第1个渐变　　图15-45 设置第2个渐变
滑块的颜色　　　　　　　　滑块的颜色

06 设置第3个渐变滑块的颜色为灰色（CMYK颜色参考值分别为21%、20%、18%、0），如图15-46所示。

图15-46 设置第3个渐变滑块的颜色

07 执行上述操作后，即可为矩形填充渐变色，效果如图15-47所示。

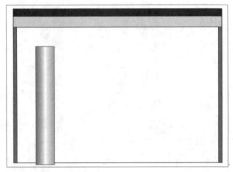

图15-47 填充渐变色

08 对绘制的渐变矩形条进行复制粘贴，并调整位置和大小，将其排列方式修改为"后移一层"，效果如图15-48所示。

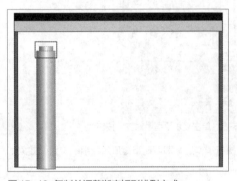

图15-48 复制并调整渐变矩形排列方式

09 运用选择工具 ▶，依次选择两个渐变矩形，按住【Alt】键的同时，单击鼠标左键并拖曳，对图形进行复制，选择相应的矩形对象，效果如图15-49所示。

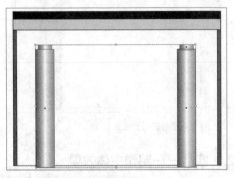

图15-49 复制并调整图形位置

10 单击鼠标右键，在弹出的快捷菜单中选择"编组"选项，如图15-50所示。

图 15-50 选择"编组"选项

11 执行操作后，即可将所选对象进行编组，调出"对齐"面板，在"对齐对象"选项区中单击"水平居中对齐"按钮 ，如图15-51所示。

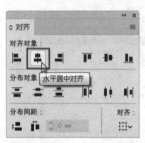

图 15-51 单击"水平居中对齐"按钮

12 执行操作后，即可调整矩形对象组的位置，效果如图15-52所示。

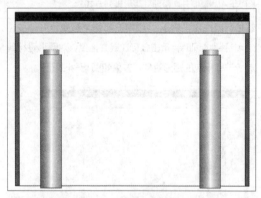

图 15-52 调整矩形对象组的位置

15.2.3 实战——制作主体效果

本实例主要运用矩形工具、圆角矩形工具，制作出企业大门的主体效果。

素材位置	上一例效果文件
效果位置	效果 > 第 15 章 >15.2.3.ai
视频位置	视频 > 第 15 章 >15.2.3 实战——制作主体效果 .mp4

01 运用矩形工具 ，在渐变矩形条之间绘制一个"填色"为黑色的矩形长条，效果如图15-53所示。

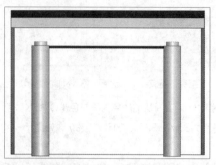

图 15-53 绘制矩形

02 对黄色矩形条进行复制和粘贴，调整矩形的高度和位置，效果如图15-54所示。

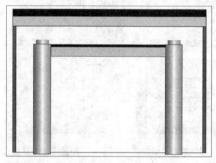

图 15-54 复制并粘贴矩形

03 运用矩形工具 ，绘制一个"填色"为无，"描边"为黑色的矩形图形，效果如图15-55所示。

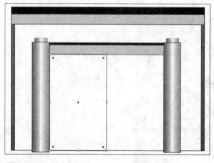

图 15-55 绘制矩形

04 对绘制的矩形进行复制和原位粘贴，并调整位置和大小，效果如图15-56所示。

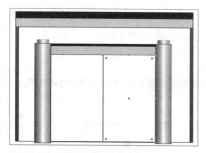

图 15-56 复制并调整矩形

05 运用工具面板中的圆角矩形工具 ▣，绘制一个圆角矩形，如图15-57所示。

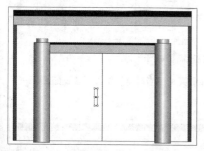

图 15-57 绘制圆角矩形

06 选取工具面板中的吸管工具，将鼠标指针移至先前绘制的渐变矩形上，单击鼠标左键，如图15-58所示。

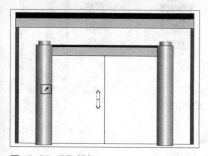

图 15-58 吸取颜色

07 执行操作后，即可吸取并填充颜色，效果如图15-59所示。

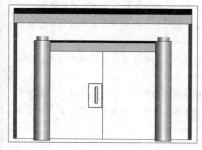

图 15-59 填充颜色

08 对圆角矩形进行复制和原位粘贴，适当调整图形位置，效果如图15-60所示。

图 15-60 复制粘贴并调整矩形位置

15.2.4 实战——添加大门装饰

本实例主要运用文字工具和添加素材，完成企业VI设计之企业大门设计效果的制作。

素材位置	素材 > 第 15 章 >15.2.4.ai
效果位置	效果 > 第 15 章 >15.2.4.ai
视频位置	视频 > 第 15 章 >15.2.4 实战——添加大门装饰 .mp4

01 选取工具面板中的文字工具 T，在图像编辑窗口中的合适位置输入文字"海天图书"，如图15-61所示。

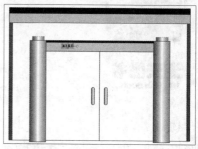

图 15-61 输入文字

02 选择输入的文字，展开"字符"面板，设置"字体"为华文琥珀，"字体大小"为25pt，并适当调整其位置，如图15-62所示。

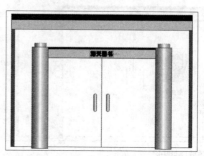

图 15-62 设置并调整文字位置

03 在控制面板中设置"填色"为蓝色（CMYK颜色参考值分别为95%、82%、0%、0%），效果如图15-63所示。

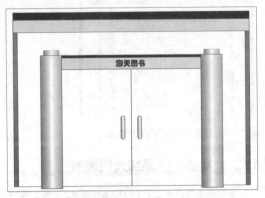

图15-63 设置文字颜色

04 单击"文件"|"打开"命令，打开一幅素材图形，如图15-64所示。

图15-64 打开素材图像

05 将素材图形进行复制，并粘贴至当前工作窗口中，效果如图15-65所示。

图15-65 复制粘贴图形

06 选择粘贴的图形，按【Ctrl+C】组合键进行复制，按【Ctrl+V】组合键进行粘贴，如图15-66所示。

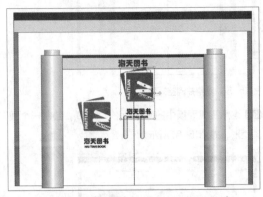

图15-66 再次复制粘贴图形

07 运用选择工具▶适当调整其位置，效果如图15-67所示。

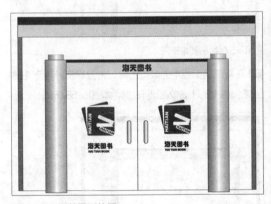

图15-67 调整图形位置

专家指点

战略性VI的设计原则如下。

● 标志的线条作为表现手段，其传递的信息需要符合品牌战略，降低负面联想或错误联想风险。

● 标志色彩作为视觉情感感受的主要手段、识别的第一元素，须将品牌战略精准定位，用色彩精准表达。

● 标志外延含义的象征性联想须与品牌核心价值精准匹配。

● 标志整体联想具备包容性及相对清晰的边界，为品牌长远发展提供延伸空间。

● 标志整体设计传递的气质须符合品牌战略，整体气质具备相对具体的、清晰的、强烈的感染力，实现品牌的气质识别。

扫 码 观 看 本 章
实 战 操 作 视 频

第 16 章

案例实战——卡片设计

随着时代的发展，各类卡片广泛应用于商务活动中，在推销各类产品的同时还起着展示、宣传企业的作用，运用Illustrator CC 2017可以方便且快捷地设计出各类卡片。本章通过两个实例，详细讲解了各类卡片及名片的组成要素、构图思路及版式布局。

课堂学习目标
- ●制作名片设计——横排名片
- ●制作VIP卡设计——魔术城积分卡

16.1 名片设计——横排名片

本实例设计的是一款横排名片，以文字为主、图形为辅的创意设计，有力地传达了名片与企业的信息，实例效果如图16-1所示。

图 16-1 实例效果

16.1.1 实战——制作名片正面效果

本实例主要运用圆角矩形工具、锚点工具及直接选择工具等，制作名片的正面效果。

素材位置	素材 > 第 16 章 >16.1.1(1).ai、16.1.1(2).ai
效果位置	效果 > 第 16 章 >16.1.1.ai
视频位置	视频 > 第 16 章 >16.1.1 实战——制作名片正面效果 .mp4

01 单击"文件"|"新建"命令，弹出"新建文档"对话框，设置"名称"为"横排名片"，"宽度"为297mm，"高度"为210mm，如图16-2所示。

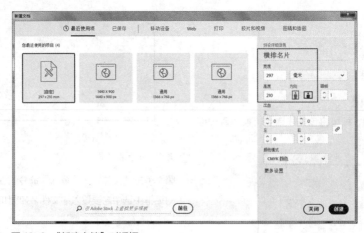

图 16-2 "新建文档"对话框

02 单击"创建"按钮，新建一个横向的空白文件，如图16-3所示。

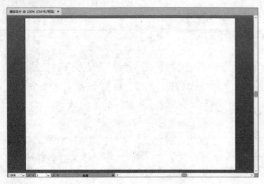

图 16-3 新建横向空白文件

03 选取工具面板中的圆角矩形工具 ，绘制一个"宽度"为96mm，"高度"为56mm，"圆角半径"为10mm的圆角矩形，如图16-4所示。

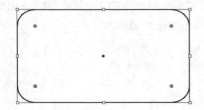

图 16-4 绘制圆角矩形

04 选取工具面板中的锚点工具 ，将鼠标指针移至圆角矩形右上角的锚点处，鼠标指针呈 形状，如图16-5所示。

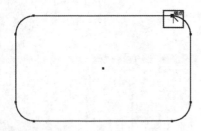

图 16-5 移动鼠标指针

05 单击鼠标左键，即可将该曲线锚点转换为直线锚点，如图16-6所示。

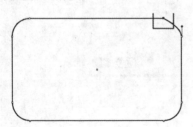

图 16-6 转换锚点

06 用同样的方法将另一个曲线锚点转换为直线锚点，如图16-7所示。

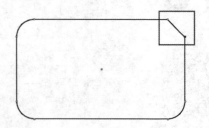

图 16-7 转换锚点

07 使用直接选择工具 调整转换后的锚点位置，如图16-8所示。

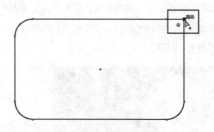

图 16-8 调整锚点位置

08 参照Step 04～Step 07的操作方法，将左下角的曲线锚点转换为直线锚点，并调整锚点位置，效果如图16-9所示。

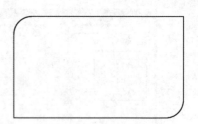

图 16-9 图像效果

09 单击"文件"｜"置入"命令，在弹出的"置入"对话框中选中需要置入的文件，如图16-10所示。

图 16-10 选中需要置入的文件

⑩ 单击"置入"按钮，即可将文件置入文档中，如图16-11所示。

图 16-11 置入图形

⑪ 调整所置入图形的位置与大小，如图16-12所示。

图 16-12 调整位置与大小

⑫ 单击"文件"|"打开"命令，打开一幅素材图像，并将其拖曳至当前文档窗口中的合适位置处，如图16-13所示。

图 16-13 添加名片信息素材

专家指点

在图像中，所输入的标志中的企业名称已经创建为轮廓，因此，称之为图形，在调整大小时，其方法和调整图形大小一样。

16.1.2 实战——制作名片背面效果

本实例主要运用镜像工具、"对齐"面板、文字工具等，制作名片的背面效果。

素材位置	上一例效果文件
效果位置	效果 > 第 16 章 >16.1.2.ai
视频位置	视频 > 第 16 章 >16.1.2 实战——制作名片背面效果 .mp4

① 运用选择工具 ▶，选中名片正面效果中的图形和3条曲线，如图16-14所示。

图 16-14 选中图形和曲线

② 按住【Alt】键的同时，拖曳鼠标至合适位置后，释放鼠标，即可复制所选择的图形和曲线，如图16-15所示。

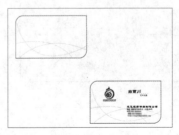

图 16-15 复制图形

03 选择文档中的所有图形，单击鼠标右键，在弹出的快捷菜单中选择"取消编组"选项，如图16-16所示。

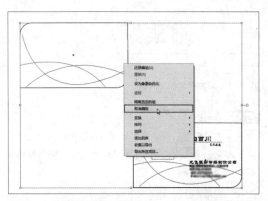

图 16-16 选择"取消编组"选项

04 执行操作后，取消编组，运用选择工具▶框选所复制的图形，如图16-17所示。

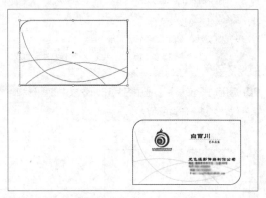

图 16-17 框选所复制的图形

05 运用镜像工具▷◁将复制的图形和曲线进行垂直镜像90°，如图16-18所示。

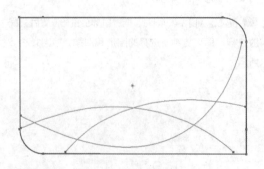

图 16-18 垂直镜像 90° 图形

06 复制企业标志，并对标志的位置与大小进行适当调整，如图16-19所示。

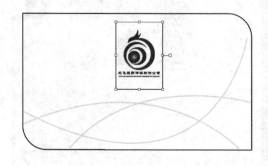

图 16-19 复制企业标志并适当调整

07 选中名片图形和企业标志，如图16-20所示。

图 16-20 选中图形

08 打开"对齐"面板，单击右下角的"对齐"按钮，在弹出的列表框中选择"对齐所选对象"选项，如图16-21所示。

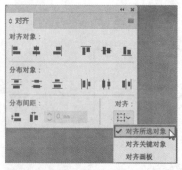

图 16-21 选择"对齐所选对象"选项

09 执行操作后，单击"对齐对象"选项区中的"水平居中对齐"按钮 ⊕，使之进行水平居中对齐，如图16-22所示。

图 16-22　水平居中对齐图形

10 选取工具面板中的文字工具 T，输入文字"有光即可摄影，捕捉艺术美感"，如图16-23所示。

图 16-23　输入文字

11 展开"字符"面板，设置"字体"为华文隶书，"字体大小"为17pt，如图16-24所示。

图 16-24　"字符"面板

12 调整文字属性，再调整文字在名片中的位置，如图16-25所示。

图 16-25　调整文字属性

16.1.3　实战——制作名片立体效果

本实例主要运用矩形工具、渐变工具及"投影"命令等，制作名片的立体效果。

素材位置	上一例效果文件
效果位置	效果 > 第 16 章 >16.1.3.ai
视频位置	视频 > 第 16 章 >16.1.3　实战——制作名片立体效果 .mp4

01 选取工具面板中的矩形工具 ▢，绘制一个大小合适的矩形，如图16-26所示。

图 16-26　绘制矩形

02 展开"渐变"面板，在"类型"列表框中选择"线性"选项，如图16-27所示。

图 16-27　选择"线性"选项

03 设置0%位置的渐变滑块的CMYK参数值分别为0%、0%、0%、10%，如图16-28所示。

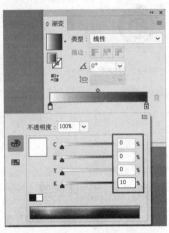

图 16-28 设置 0% 位置的渐变滑块

04 设置100%位置的渐变滑块的CMYK参数值分别为100%、100%、60%、40%，如图16-29所示。

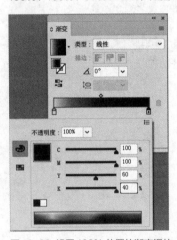

图 16-29 设置 100% 位置的渐变滑块

05 执行操作后，即可填充相应的渐变色，如图16-30所示。

图 16-30 填充渐变色

06 运用渐变工具 适当调整渐变填充的角度和范围，如图16-31所示。

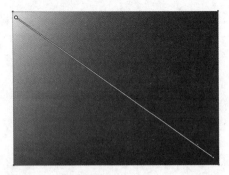

图 16-31 调整渐变填充

07 将该图形下移至图像的最底层进行锁定，如图16-32所示。

图 16-32 调整图形排列顺序

08 将名片正面和名片背面图形分别进行编组，并适当调整名片正面和名片背面图形的位置、大小和角度，如图16-33所示。

图 16-33 调整名片图形

09 选择名片背面图形，单击"效果"｜"风格化"｜"投影"命令，弹出"投影"对话框，设置"X位移"为3mm，"Y位移"为5mm，如图16-34所示。

图 16-34 "投影"对话框

10 单击"确定"按钮，即可添加投影效果，如图 16-35所示。

图 16-35 添加投影效果

16.2 VIP卡设计——魔术城积分卡

本实例设计的是魔术城的VIP卡片，采用蓝色为主色调，并以骑单车的杂耍魔术师为元素，体现了魔术城是传递欢乐的地方，同时也体现了魔术城的神秘与欢乐，实例效果如图16-36所示。

图 16-36 实例效果

16.2.1 实战——制作VIP卡背景效果

本实例主要运用矩形工具、渐变工具、圆角矩形工具及剪切蒙版等操作，制作VIP积分卡的背景效果。

素材位置	素材 > 第 16 章 >16.2.1.jpg
效果位置	效果 > 第 16 章 >16.2.1.ai
视频位置	视频 > 第 16 章 >16.2.1 实战——制作 VIP 卡背景效果 .mp4

01 单击"文件"|"新建"命令，弹出"新建文档"对话框，设置"名称"为"积分卡"，"大小"为A4，"方向"为纵向圖，如图16-37所示。

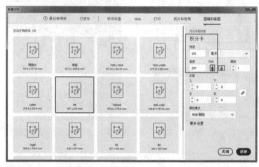

图 16-37 "新建文档"对话框

02 单击"创建"按钮，新建一个纵向的空白文件，如图16-38所示。

图 16-38 新建空白文件

03 选取工具面板中的矩形工具圖，绘制一个与页面相同大小的矩形，并运用渐变工具圖进行渐变填充，如图16-39所示。

图 16-39 绘制并填充矩形

04 展开"渐变"面板，设置"类型"为"线性"，"角度"为118°，如图16-40所示。

05 执行操作后，即可改变渐变填充效果，如图16-41所示。

图16-40 "渐变"面板　　图16-41 改变渐变填充效果

06 单击"文件"|"打开"命令，打开一幅素材图像，如图16-42所示。

图16-42 打开素材图像

07 将打开的素材图像复制粘贴至当前工作窗口中，调整位置和大小，效果如图16-43所示。

08 选取工具面板中的圆角矩形工具 ▢,，在图像编辑窗口中的合适位置绘制一个无填色、无描边的圆角矩形，如图16-44所示。

图16-43 复制粘贴素材图像　图16-44 绘制圆角矩形

09 运用工具面板中的选择工具 ▶，依次选择绘制的圆角矩形和素材图像，单击鼠标右键，弹出快捷菜单，选择"建立剪切蒙版"选项，如图16-45所示。

图16-45 选择"建立剪切蒙版"选项

10 执行操作后，即可创建剪切蒙版，效果如图16-46所示。

图16-46 创建剪切蒙版

专家指点

如果要从两个或多个对象的重复区域创建剪切蒙版，即用重叠区域遮盖其他对象，可以先将这些对象选择，然后按下【Ctrl + G】组合键进行编组，再创建剪切蒙版。

16.2.2 实战——制作VIP卡主体效果

　　本实例主要运用圆角矩形工具和添加素材等，制作VIP积分卡的主体效果。

素材位置	素材 > 第 16 章 >16.2.2 (1).ai、16.2.2 (2).ai、16.2.2 (3).ai
效果位置	效果 > 第 16 章 >16.2.2.ai
视频位置	视频 > 第 16 章 >16.2.2　实战——制作 VIP 卡主体效果 .mp4

01 单击"文件"|"打开"命令，打开一幅素材图形，如图16-47所示。

02 将打开的素材图形复制粘贴至当前工作窗口中，调整位置和大小，效果如图16-48所示。

图 16-47 打开素材图像　　图 16-48 复制粘贴并调整
　　　　　　　　　　　　　　　图形位置和大小

03 单击"文件"|"打开"命令，打开一幅素材图形，如图16-49所示。

图 16-49 打开素材图像

04 将打开的素材图形复制粘贴至当前工作窗口中，调整位置和大小，如图16-50所示。

图 16-50 复制粘贴并调整图形位置和大小

05 单击"文件"|"打开"命令，打开一幅素材图形，效果如图16-51所示。

图 16-51 打开素材图像

06 将打开的素材图形复制粘贴至当前工作窗口中，效果如图16-52所示。

图 16-52 复制粘贴图形

16.2.3 实战——制作VIP卡文字效果

本实例主要运用文字工具、"创建轮廓"命令及选择工具等，制作VIP积分卡的文字效果。

素材位置	素材 > 第 16 章 >16.2.3.ai
效果位置	效果 > 第 16 章 >16.2.3.ai
视频位置	视频 > 第 16 章 >16.2.3 实战——制作 VIP 卡文字效果 .mp4

01 选取工具面板中的文字工具**T**，在白色的圆角矩形上输入文字"魔术城"，设置"字体"为方正姚体，"字体大小"为22pt，"颜色"为黑色，如图16-53所示。

02 保持输入的文字为选中状态，单击鼠标右键，弹出快捷菜单，选择"创建轮廓"选项，将文字转换为轮廓，如图16-54所示。

图 16-53 输入并设置文字　图 16-54 将文字轮换为轮廓

03 选取工具面板中直接选择工具 ▷，选择"术"字上的两个锚点，如图16-55所示。

图 16-55 选择两个锚点

04 按键盘上的【→】键，调整锚点的位置，效果如图16-56所示。

图 16-56 调整锚点位置

05 用与前面几步同样的方法，调整另外两个锚点的位置，效果如图16-57所示。

图 16-57 调整另两个锚点的位置

06 选取工具面板中的文字工具 T，在图像编辑窗口中的合适位置输入文字"VIP积分卡"，设置"字体"为方正粗宋简体，"字体大小"为36.5pt，如图16-58

所示。

07 复制输入的文字，然后设置"颜色"为白色，如图16-59所示。

图 16-58 输入并设置文字　图 16-59 复制并设置文字

08 运用选择工具 ▶ 调整白色文字的位置，效果如图16-60所示。

09 单击"文件"|"打开"命令，打开一幅素材图形，将打开的素材图形复制粘贴至当前工作窗口中，效果如图16-61所示。

 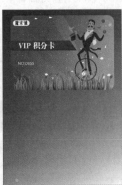

图 16-60 调整文字位置　图 16-61 添加文字素材

16.2.4 实战——制作VIP卡反面效果

本实例主要运用选择工具、矩形工具、文字工具等，制作VIP积分卡的反面效果。

素材位置	素材 > 第 16 章 >16.2.4.ai
效果位置	效果 > 第 16 章 >16.2.4.ai
视频位置	视频 > 第 16 章 >16.2.4　实战——制作 VIP 卡反面效果 .mp4

01 运用选择工具 ▶ 选择所有绘制的卡片正面的图形，按住【Alt】键的同时，单击鼠标左键并向下拖曳，复制并移动图形，如图16-62所示。

02 将复制图形中的部分图形对象删除，效果如图16-63所示。

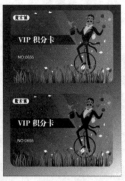 

图 16-62 复制并移动图形　　图 16-63 删除部分对象

03 选取工具面板中的矩形工具 ▢.,在图像编辑窗口中的合适位置绘制一个黑色的矩形条,如图16-64所示。

04 选取工具面板中的文字工具 **T**.,在图像编辑窗口中的合适位置输入"贵宾签名:",设置"字体"为黑体,"字体大小"为12pt,如图16-65所示。

图 16-64 绘制矩形　　　图 16-65 输入并设置文字

05 选取工具面板中的矩形工具 ▢.,在文字右侧绘制一个黑色的矩形,如图16-66所示。

06 复制黑色的矩形,设置"颜色"为白色,并调整其位置,效果如图16-67所示。

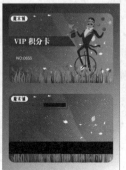 

图 16-66 绘制矩形　　　图 16-67 复制并调整矩形

07 单击"文件"|"打开"命令,打开一幅素材图形,如图16-68所示。

●持本卡者为魔术城的尊贵会员;
●持本卡者在魔术城各分城均可享受优惠;
●活动期间有礼物相送喔;
●不能与其他折扣优惠同时使用;
●贵宾生日享有魔术师赠送的礼物;
●大型节日时可半价观看节目喔。
　服务热线:XXXX-86688866
　详情请登录:XXXX XXXX

图 16-68 打开素材图形

08 将打开的素材图形复制粘贴至当前工作窗口中并调整其位置,效果如图16-69所示。

图 16-69 复制粘贴图形并调整位置

第**17**章

案例实战——海报广告设计

广告设计迄今已有一百余年的历史,历经了几个重要的阶段,到今天已成为一种成熟独立的设计艺术门类。用户进行广告设计时,必须坚持的总原则有:广告的思想性、广告的真实性、广告的科学性、广告的艺术性。本章主要介绍制作海报广告的操作方法。

课堂学习目标

- 制作地产广告设计——御园
- 制作车类广告设计——汽车

扫码观看本章
实战操作视频

17.1 地产广告设计——御园

一幅优秀的广告作品由4个要素组成:图像、文字、颜色和版式,房地产广告在对这一点做了很好的诠释。本实例设计的是一款几何空间复古型的房地产广告,画面设计简洁,运用巧妙的图文排版,体现了浓郁的人文气息,同时也展示了丰茂的生活,实例效果如图17-1所示。

图 17-1 实例效果

17.1.1 实战——制作背景效果

本实例主要运用矩形工具与"渐变"面板,来制作地产广告的背景效果。

素材位置	无
效果位置	无
视频位置	视频 > 第 17 章 >17.1.1 实战——制作背景效果.mp4

01 单击"文件"|"新建"命令,弹出"新建文档"对话框,设置"名称"为"地产广告","大小"为A3,"方向"为横向图,如图17-2所示。

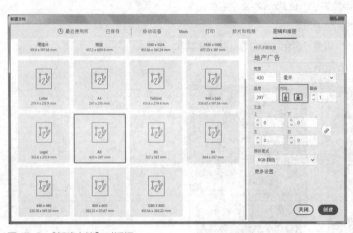

图 17-2 "新建文档"对话框

02 单击"确定"按钮，新建一个横向的空白文件，如图17-3所示。

图 17-3 新建横向空白文件

03 运用矩形工具 ▢，绘制一个"宽度"为400mm，"高度"为200mm的矩形，设置为默认的填色和描边，如图17-4所示。

图 17-4 绘制矩形

04 选中矩形对象，单击"窗口"|"对齐"命令，调出"对齐"面板，在"对齐对象"选项区中依次单击"水平居中对齐"按钮 ▜ 和"垂直居中对齐"按钮 ↔，如图17-5所示。

图 17-5 "对齐"面板

05 执行操作后，即可使该矩形与画板水平居中对齐和垂直居中对齐，如图17-6所示。

图 17-6 设置对齐方式

06 绘制一个"宽度"为400mm，"高度"为60mm的矩形，"填充"为白色，"描边"为无，如图17-7所示。

图 17-7 绘制矩形

07 单击"窗口"|"渐变"命令，打开"渐变"面板，设置"类型"为"线性"，如图17-8所示。

图 17-8 设置"类型"选项

08 设置0%位置的渐变滑块的颜色为白色，"不透明度"为0%，如图17-9所示。

图 17-9 设置 0% 位置的渐变滑块

09 设置100%位置的渐变滑块的颜色为淡黄色（CMYK颜色参考值分别为0%、0%、80%、0%），如图17-10所示。

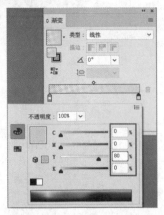

图 17-10 设置 100% 位置的渐变滑块

10 在"渐变"面板中,再设置"角度"为90°,如图
17-11所示。

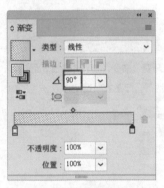

图 17-11 设置"角度"选项

11 执行操作后,即可改变图形的渐变填充效果,如图
17-12所示。

图 17-12 渐变填充效果

17.1.2 实战——添加装饰素材

本实例主要运用"置入"命令和创建不透明蒙版
等操作,为地产广告添加主体装饰素材,从而使画面更
和谐。

素材位置	素材 > 第 17 章 >17.1.2.jpg、17.1.2.ai
效果位置	无
视频位置	视频 > 第 17 章 >17.1.2 实战——添加装饰素材.mp4

01 单击"文件"|"置入"命令,在弹出的"置入"
对话框中选中需要置入的文件,如图17-13所示。

图 17-13 选中需要置入的文件

02 单击"置入"按钮,即可将文件置入文档中,如图
17-14所示。

图 17-14 置入图像

03 分别调整置入图像的位置与大小,如图17-15
所示。

图 17-15 调整位置与大小

04 单击控制面板中的"嵌入"按钮，即可添加素材图形，如图17-16所示。

图 17-16　确认置入操作

05 选取工具面板中的椭圆工具 ◯，在置入的素材图像上绘制一个无填色、无描边的椭圆图形，如图17-17所示。

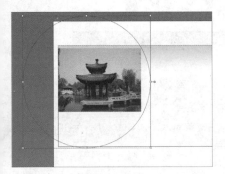

图 17-17　绘制椭圆图形

06 在"渐变"面板中，设置"渐变填充"为默认的白色到黑色的径向渐变，设置第二个渐变滑块的"位置"为75%，如图17-18所示。

图 17-18　"渐变"面板

07 执行操作后，即可为椭圆图形填充径向渐变，如图17-19所示。

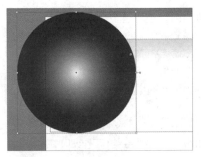

图 17-19　填充径向渐变

08 运用选择工具选中素材图像和椭圆图形，如图17-20所示。

09 展开"透明度"面板，单击"制作蒙版"按钮，如图17-21所示。

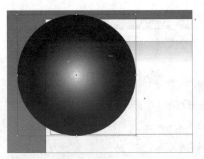

图 17-20　选中相应图形

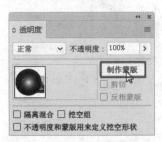

图 17-21　单击"制作蒙版"按钮

10 执行操作后，即可为图像创建不透明蒙版，效果如图17-22所示。

图 17-22　创建不透明蒙版

专家指点

用户在建立了不透明蒙版后，可以直接在"透明度"面板中选中或取消选中"剪切"或"反相蒙版"复选框。不透明蒙版和反相不透明蒙版有些相似，因此，用户在操作时应当多加注意。

11 单击"文件"|"打开"命令，打开一幅素材图形，将打开的素材图形复制粘贴至当前工作窗口中，效果如图17-23所示。

图 17-23 添加素材图形

17.1.3 实战——制作文字内容

本实例主要运用文字工具、"字符"面板、直接选择工具，以及将文字转换为轮廓等操作，来制作地产广告的文字内容效果。

素材位置	素材 > 第 17 章 >17.1.3.ai
效果位置	效果 > 第 17 章 >17.1.3.ai
视频位置	视频 > 第 17 章 >17.1.3 实战——制作文字内容 .mp4

01 选取工具面板中的文字工具 T，输入"御"字，设置"字体"为方正黄草简体，"字体大小"为270pt，如图17-24所示。

图 17-24 输入文字

02 展开"字符"面板，设置"御"字的"水平缩放"为120%，"垂直缩放"为110%，如图17-25所示。

图 17-25 设置选项

03 执行操作后，即可改变文字效果，如图17-26所示。

图 17-26 设置文字效果

04 运用文字工具 T，输入"园"字，设置"字体系列"为方正黄草简体，"字体大小"为60pt，如图17-27所示。

图 17-27 输入文字

05 展开"字符"面板，设置"园"字的"水平缩放"为120%，"垂直缩放"为120%，如图17-28所示。

图 17-28 设置选项

06 执行操作后，调整文字的位置，如图17-29所示。

图 17-29 调整文字位置

07 选中"御"字，单击鼠标右键，弹出快捷菜单，选择"创建轮廓"选项，将文字转换为轮廓，如图17-30所示。

图 17-30 将文字转换为轮廓

08 使用直接选择工具 ▷ 选中需要调整的路径锚点，并调整锚点的位置，如图17-31所示。

图 17-31 调整锚点

09 单击"文件"|"打开"命令，打开一幅素材图形，如图17-32所示。

图 17-32 打开素材图形

10 将打开的素材图形复制粘贴至当前工作窗口中，隐藏相应矩形的边框，效果如图17-33所示。

图 17-33 图像效果

专家指点

设置文字字体的样式完全参照系统中所提供的字体样式，或网络上各式各样的文字，用户可以在某一文字样式的基础上，将文字转换为轮廓，在根据自身的需要调整各锚点的位置，同时结合锚点上的控制柄调整图形。另外，用户也可以使用钢笔工具勾勒文字样式。

17.2 车类广告设计——汽车

本实例设计是一款汽车的广告，整幅设计以橙色为主色调，充满活力与时尚，尽显汽车的档次，加上橙色不仅极具视觉冲击力，而且彰显主体，给人眼前一亮的感觉，实例效果如图17-34所示。

图 17-34 实例效果

17.2.1 实战——制作广告背景效果

本实例主要运用矩形工具与"渐变"面板，制作出车类广告的背景效果。

素材位置	无
效果位置	效果 > 第 17 章 >17.2.1.ai
视频位置	视频 > 第 17 章 >17.2.1 实战——制作广告背景效果 .mp4

01 单击"文件"|"新建"命令，弹出"新建文档"对话框，设置"名称"为"车类广告"，"大小"为A4，"方向"为横向，如图17-35所示。

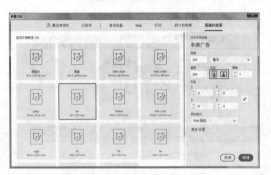

图 17-35 "新建文档"对话框

02 单击"创建"按钮，新建一个横向的空白文件，如图17-36所示。

图 17-36 新建横向空白文件

03 选取工具面板中的矩形工具，设置"描边"为"无"，如图17-37所示。

图 17-37 设置颜色

04 绘制一个与页面相同大小的矩形，如图17-38所示。

图 17-38 绘制矩形

05 在"渐变"面板中，设置"类型"为"径向"，如图17-39所示。

图 17-39 设置"类型"选项

06 设置0%位置的渐变滑块的"颜色"为橙色（CMYK颜色参考值分别为0%、81%、95%、0%），如图17-40所示。

图 17-40 设置 0% 位置的渐变滑块

07 设置100%位置的渐变滑块的"颜色"为橙红色（CMYK颜色参考值分别为0%、90%、85%、0%），如图17-41所示。

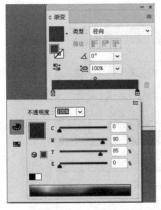

图 17-41　设置 100% 位置的渐变滑块

08 执行操作后，即可填充渐变色，效果如图17-42所示。

图 17-42　填充矩形

17.2.2 实战——添加商品广告图片

本实例主要介绍为车类广告添加各种商品素材图片的方法，以增加广告的视觉效果。从视觉表现的角度来衡量，视觉效果是吸引读者并用视觉语言来传达产品的利益点，一则成功的平面广告在画面上应该有非常强的吸引力，彩色应科学运用、合理搭配，图片应准确运用并且有吸引力。

素材位置	素材 > 第 17 章 >17.2.2.psd
效果位置	效果 > 第 17 章 >17.2.2.ai
视频位置	视频 > 第 17 章 >17.2.2 实战——添加商品广告图片 .mp4

01 单击"文件"|"打开"命令，在文件夹中找到17.2.2.psd素材，如图17-43所示。

图 17-43　找到素材文件

02 双击鼠标，打开素材图像，如图17-44所示。

图 17-44　打开素材图像

03 将打开的素材图像复制粘贴至当前工作窗口中，调整位置和大小，效果如图17-45所示。

图 17-45　复制粘贴素材图像

17.2.3 实战——制作商家信息栏

本实例主要运用圆角矩形工具 ▢、"不透明度"选项与直线段工具，制作出用于放置商家联系信息的区域效果。

素材位置	上一例效果文件
效果位置	无
视频位置	视频 > 第 17 章 >17.2.3 实战——制作商家信息栏 .mp4

01 选取工具面板中的圆角矩形工具 ▢，在图像的下方绘制一个圆角矩形，设置"填色"为白色，如图17-46所示。

图 17-46 绘制圆角矩形

02 在控制面板中设置"不透明度"为80%，效果如图17-47所示。

图 17-47 设置图形的不透明度

03 选取工具面板中的直线段工具 ⁄，在透明圆角矩形上绘制一条直线，设置"描边"为黑色，如图17-48所示。

图 17-48 绘制直线段

04 用与上一步同样的方法，绘制另一条直线，效果如图17-49所示。

图 17-49 绘制另一条直线段

17.2.4 实战——制作广告文字效果

本实例主要运用文字工具、"创建轮廓"选项、"字符"面板等，制作汽车广告的文字效果。

素材位置	素材 > 第 17 章 >17.2.4.ai
效果位置	效果 > 第 17 章 >17.2.4.ai
视频位置	视频 > 第 17 章 >17.2.4 实战——制作广告文字效果 .mp4

01 选取工具面板中的文字工具 **T**，在图像编辑窗口中的合适位置输入Ben Teng，如图17-50所示。

图 17-50 输入文字

02 设置"字体"为方正综艺简体，"字体大小"为40pt，"颜色"为红色（CMYK颜色参考值分别为0%、100%、100%、0%），效果如图17-51所示。

图 17-51 设置字体与颜色

03 设置字体"描边"为白色，"描边粗细"为3pt，效果如图17-52所示。

图17-52 设置字体描边

04 保持输入的文字为选中状态，单击鼠标右键，弹出快捷菜单，选择"创建轮廓"选项，将文字转换为轮廓，如图17-53所示。

图17-53 将文字转换为轮廓

05 选取工具面板中的直接选择工具 ▷，，选择轮廓文字中"T"上面的两个锚点，如图17-54所示。

图17-54 选择两个锚点

06 按键盘上的【→】键，调整锚点的位置，效果如图17-55所示。

图17-55 调整锚点位置

07 选取工具面板中的文字工具 **T**，，在图像编辑窗口中的合适位置输入需要的文字"Ben Teng 震撼上市"，设置"字体"为方正综艺简体，"字体大小"为50pt，"颜色"为白色，效果如图17-56所示。

图17-56 设置文字效果

08 展开"字符"面板，设置"行距" 为88pt，如图17-57所示。

图17-57 设置选项

09 执行操作后，即可改变文本效果，如图17-58所示。

图 17-58 设置文字效果

10 用与上一步同样的方法，输入并设置另一段文字，设置"字体大小"为15pt，效果如图17-59所示。

图 17-59 输入并设置另一段文字

11 单击"文件"|"打开"命令，打开一幅素材图像，将打开的素材图像复制粘贴至当前工作窗口中，调整位置和大小，效果如图17-60所示。

图 17-60 打开并复制粘贴文字素材

12 选中右上角的文字，在控制面板中设置"填色"为白色，效果如图17-61所示。

图 17-61 图像效果

第**18**章

案例实战——商品包装设计

包装设计是平面设计不可或缺的一部分，它是指根据产品的内容进行内外包装的总体设计的工作，是一项具有艺术性和商业性的设计。本章通过手提袋包装设计和书籍装帧设计两个实例，全面讲解了运用Illustrator CC 2017设计制作各类产品包装的技法。

课堂学习目标

● 制作手提袋包装设计——纳斯雅　　● 制作书籍装帧设计——人物传记

18.1 手提袋包装设计——纳斯雅

本实例设计的是一款"纳斯雅"手提袋型服饰广告，采用紫色为主体色调，以简单的绘画表现主题，并添加少量文字进行修饰，充分体现出该服饰的生活情调和可信赖度，同时带给消费者时尚高贵的感觉，实例效果如图18-1和图18-2所示。

图 18-1 包装平面效果

图 18-2 包装立体效果

18.1.1 实战——制作包装的平面效果

本实例主要通过运用矩形工具、渐变工具，制作出包装的平面效果。

素材位置	素材 > 第 18 章 >18.1.1（1）.ai、18.1.1（2）.ai
效果位置	无
视频位置	视频 > 第 18 章 >18.1.1 实战——制作包装的平面效果 .mp4

01 单击"文件"|"新建"命令，弹出"新建文档"对话框，设置"名称"为"手提袋包装"，"大小"为A4，"方向"为横向█，如图18-3所示。

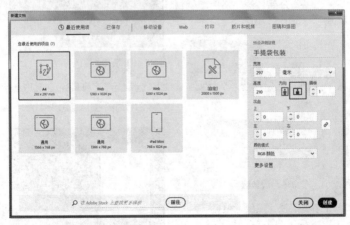
图 18-3 "新建文档"对话框

02 单击"创建"按钮，新建一个横向的空白文件，如图18-4所示。

图 18-4 新建横向空白文件

03 选取工具面板中的矩形工具 ▢，，设置"填色"为默认，"描边"为"无"，如图18-5所示。

图 18-5 设置填色与描边

04 在页面内绘制一个大小合适的矩形，如图18-6所示。

05 展开"渐变"面板，设置"类型"为"线性"，"颜色"分别为白色和黑色，如图18-7所示。

图 18-6 绘制矩形　　图 18-7 设置选项

06 在渐变条上添加一个渐变滑块，设置"位置"为45%，颜色为灰色（CMYK颜色参考值分别为0%、0%、0%、77%）如图18-8所示。

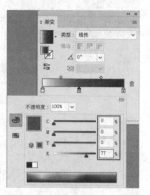

图 18-8 添加渐变滑块并设置选项

07 设置渐变的"角度"为130°，如图18-9所示。

图 18-9 设置角度

08 执行操作后，即可为矩形填充渐变色，效果如图18-10所示。

图 18-10 填充渐变色

09 运用矩形工具 ▢，，在图形上绘制一个矩形，填充"颜色"为白色，如图18-11所示。

图 18-11 绘制矩形并填充

10 展开"渐变"面板，设置"类型"为"线性"，角度为90°，第1个滑块的颜色为浅紫色（CMYK颜色参考值分别为53%、100%、17%、0%），如图18-12所示。

11 设置第2个滑块颜色为蓝紫色（CMYK颜色参考值分别为93%、100%、49%、2%），如图18-13所示。

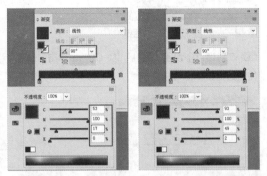

图18-12 设置第1个滑块选项　图18-13 设置第2个滑块选项

12 执行操作后，即可为矩形填充渐变色，效果如图18-14所示。

图18-14 填充渐变色

13 复制绘制的矩形，填充"颜色"为白色，并调整位置和大小，效果如图18-15所示。

图18-15 复制并设置矩形

14 单击"文件"|"打开"命令，打开一幅素材图像，将打开的素材图像复制粘贴至当前工作窗口中，调整位置和大小，效果如图18-16所示。

图18-16 添加素材图像

15 单击"文件"|"打开"命令，打开另一幅素材图像，将打开的素材图像复制粘贴至当前工作窗口中，调整位置和大小，效果如图18-17所示。

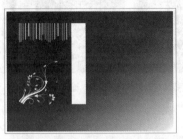

图18-17 添加第二幅素材图像

18.1.2 实战——制作包装的文字效果

本实例主要运用文字工具与"填色"选项，制作手提袋包装的文字效果。

素材位置	无
效果位置	无
视频位置	视频 > 第 18 章 >18.1.2 实战——制作包装的文字效果 .mp4

01 选取工具面板中的文字工具 **T**，在图像编辑窗口中的合适位置输入文字"纳斯雅精品服饰"，如图18-18所示。

02 设置"字体"为方正卡通简体，"字体大小"为15pt，"填色"为白色，效果如图18-19所示。

图18-18 输入文字　　　　图18-19 设置文字

03 运用文字工具选择"纳斯雅"三个字，设置"字体大小"为20pt，"填色"为黄色（CMYK颜色参考值分别为6%、13%、81%、0%），效果如图18-20所示。

04 选取工具面板中的文字工具 T，在图像编辑窗口中的合适位置输入文字"舒适生活与你同行"，如图18-21所示。

图 18-20 设置文字颜色与大小　图 18-21 输入文字

专家指点

包装（packaging）是品牌理念、产品特性、消费心理的综合反映，它直接影响到消费者的购买欲，包装是建立产品与消费者亲和力的有力手段。经济全球化的今天，包装与商品已融为一体。

05 设置"字体"为方正卡通简体，"字体大小"为15pt，如图18-22所示。

图 18-22 设置文字

06 执行操作后运用选择工具选择"舒适生活与你同行"几个字，如图18-23所示。

图 18-23 选择文字

07 单击"效果"|"变形"|"旗形"命令，弹出"变形选项"对话框，如图18-24所示

图 18-24 "变形选项"对话框

08 在对话框中设置"弯曲"为-90%，单击"确定"按钮效果如图18-25所示。

图 18-25 设置选项

09 执行操作后，效果如图18-26所示。

图 18-26 文字效果

专家指点

包装作为实现商品价值和使用价值的手段，在生产、流通、销售和消费领域中，发挥着极其重要的作用，是企业、产品设计人员不得不关注的重要课题。包装的作用包括保护商品、传达商品信息、方便使用、方便运输、促进销售、提高产品附加值。另外，包装为一门综合性学科，具有商品和艺术相结合的双重性。

18.1.3 实战——制作包装的立体效果

本实例主要运用"封套扭曲"命令、直接选择工具等，制作手提袋包装的立体效果。

素材位置	素材 > 第 18 章 >18.1.3.ai
效果位置	效果 > 第 18 章 >18.1.3.ai
视频位置	视频 > 第 18 章 >18.1.3 实战——制作包装的立体效果 .mp4

01 将绘制的手提袋的正面图形进行编组，如图18-27所示。

图 18-27 将图形进行编组

02 然后将所有绘制的手提袋图形进行复制粘贴，将其调整至图形的右侧，如图18-28所示。

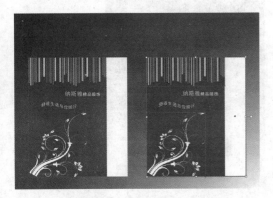

图 18-28 复制图形并调整

03 接下来将对右侧粘贴的平面图形进行操作，首先取消编组，然后选择手提袋的所有正面图形，将其进行编组，如图18-29所示。

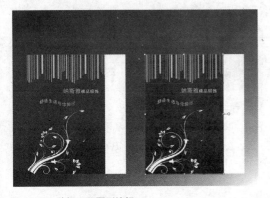

图 18-29 选择正面图形编组

04 单击"对象" | "封套扭曲" | "用网格建立"命令，弹出"封套网格"对话框，设置"行数"和"列数"均为1，如图18-30所示。

图 18-30 设置参数

05 单击"确定"按钮，即可为手提袋的正面图形创建封套扭曲，如图18-31所示。

06 选择工具面板中的直接选择工具 ▷，选择左上角的锚点，如图18-32所示。

图 18-31 创建封套扭曲　　图 18-32 选择左上角的锚点

07 单击鼠标左键并拖曳，至合适位置后释放鼠标，调整图形的形状，如图18-33所示。

08 选择图形右上角的锚点，单击鼠标左键并拖曳，调整锚点至合适位置，如图18-34所示。

图 18-33 调整左上角的锚点　图 18-34 调整右上角的锚点

09 用与前面几步同样的方法，调整其他各个锚点至合适位置，效果如图18-35所示。

10 用与前面几步同样的方法，调整侧面图形中各个锚点至合适位置，效果如图18-36所示。

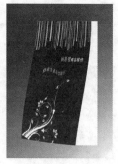

图 18-35 调整其他的锚点　　图 18-36 调整侧面图形
　　　　　　　　　　　　　　　　锚点

11 单击"文件"|"打开"命令，打开一幅素材图像，选择图像，如图18-37所示。

12 将打开的素材图像复制粘贴至当前工作窗口中，调整位置和大小，效果如图18-38所示。

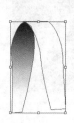

图 18-37 选择打开的图像　　图 18-38 添加素材图像

13 将导入素材图形进行复制并移动图形，如图18-39所示。

14 单击鼠标右键，选择"排列"，调整图层的叠放顺序，效果如图18-40所示。

图 18-39 复制并移动图形　　图 18-40 调整图层的叠放
　　　　　　　　　　　　　　　　　　顺序

专家指点

包装装潢的图形主要指产品的形象和其他辅助装饰形象等。图形作为设计的语言，旨在要把产品的内在、外在的构成因素表现出来，以视觉形象的形式把信息传达给消费者。要达到此目的，图形设计的准确定位是非常关键的。定位的过程即是熟悉产品全部内容的过程，其中包括商品的性能、商标、品名的含义及同类产品的现状等诸多因素，要对这些因素加以熟悉和研究。

18.2 书籍装帧设计——人物传记

本实例设计是一本人物传记的封面设计，整幅画面以简单的几何图形元素为主，并加以插画图像的修饰，融合了古代和现代的气息，给人耳目一新的感觉，实例效果如图18-41所示。

图 18-41 实例效果图

18.2.1 实战——制作书籍封面效果

本实例主要运用矩形工具、"彩色半调"效果与"粉笔和炭笔"效果来制作书籍封面平面效果。

素材位置	素材 > 第 18 章 >18.2.1.jpg、18.2.1.ai
效果位置	无
视频位置	视频 > 第 18 章 >18.2.1 实战——制作书籍封面效果 .mp4

01 单击"文件"|"新建"命令，弹出"新建文档"对话框，设置"名称"为"书籍装帧"，"大小"为A3，"方向"为横向，如图18-42所示。

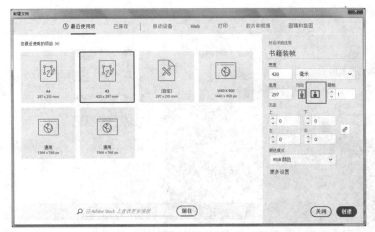

图 18-42 "新建文档"对话框

02 单击"创建"按钮，新建一个横向的空白文件，如图18-43所示。

图 18-43 新建横向空白文件

03 运用矩形工具 ▣ ，绘制一个"宽度"为105mm、"高度"为150mm的矩形，如图18-44所示。

04 设置"填色"为白色，"描边"为"无"，如图18-45所示。

图 18-44 设置矩形参数　　图 18-45 绘制矩形

05 运用"置入"命令，置入素材文件，并调整其大小与位置，并单击控制面板中的"嵌入"，嵌入素材图像，如图18-46所示。

06 选中风景图片，单击"效果"｜"像素化"｜"彩色半调"命令，在弹出的"彩色半调"对话框中，设置"最大半径"为4，其他参数为默认值，如图18-47所示。

图 18-46 置入素材文件　　图 18-47 设置参数

07 单击"确定"按钮，即可为图片添加"彩色半调"效果，如图18-48所示。

图 18-48 添加"彩色半调"效果

08 单击"效果"｜"素描"｜"粉笔和炭笔"命令，在弹出的"粉笔和炭笔"对话框中设置"炭笔区"为0，"粉笔区"为14，"描边压力"为1，如图18-49所示。

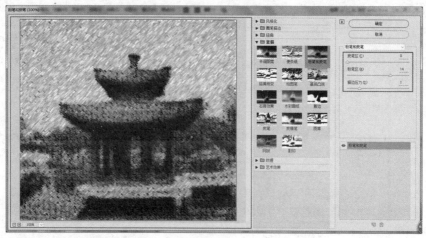

图 18-49 "粉笔和炭笔"对话框

09 单击"确定"按钮,即可为图片制作出相应的效果,如图18-50所示。

10 选中图片,在控制面板中设置图片"不透明度"为65%,如图18-51所示。

图 18-50 制作效果　　　　图 18-51 设置不透明度

11 绘制一个与风景图片等大的矩形,设置"填色"为"土黄色"(CMYK的参数值为15%、25%、100%、0%),"不透明度"为40%,如图18-52所示。

12 单击"文件"|"打开"命令,打开一幅素材图像,如图18-53所示。

图 18-52 绘制并填充矩形　　图 18-53 打开素材图像

13 将打开的素材图像复制粘贴至当前工作窗口中,调整位置和大小,效果如图18-54所示。

图 18-54 图像效果

18.2.2 实战——制作封面文字效果

本实例主要运用文字工具与"字符"面板等,制作书籍封面的文字效果。

素材位置	素材 > 第 18 章 >18.2.2(1).ai、18.2.2(2).ai
效果位置	效果 > 第 18 章 >18.2.2.ai
视频位置	视频 > 第 18 章 >18.2.2 实战——制作封面文字效果 .mp4

01 单击"文件"|"打开"命令,打开一幅素材图像,如图18-55所示。

02 将打开的素材图像复制粘贴至当前工作窗口中,调整位置和大小,效果如图18-56所示。

图 18-55 打开素材图像　　图 18-56 复制粘贴文本图形

03 选择文本素材，单击鼠标右键，在弹出的快捷菜单中选择"排列"|"后移一层"选项，并重复执行该操作，如图18-57所示。

图 18-57 选择"后移一层"选项

04 执行操作后，即可改变文本效果，如图18-58所示。

05 选择文字工具 **T**，输入书名"人物传记"，设置"字体系列"为方正大标宋简体，"字体大小"为36pt，如图18-59所示。

图 18-58 文本效果　　图 18-59 输入文字

06 展开"字符"面板，设置"所选字符的字距调整"为200，如图18-60所示。

图 18-60 设置文本属性

07 执行操作后，即可增加文字的字距，效果如图18-61所示。

图 18-61 增加文字的字距

08 选中"人"字，设置"基线偏移"为5pt，如图18-62所示。

图 18-62 设置文字属性

09 选中"物"字，设置"填色"为土黄色（CMYK的参数值为0%、35%、100%、10%），如图18-63所示。

10 设置"字体大小"为50pt，效果如图18-64所示。

图 18-63 设置文字颜色   图 18-64 设置文字属性

11 选中"传记"词组，设置"字体"为方正黑体简体，"字体大小"为18pt，"基线偏移"为-3pt，如图18-65所示。

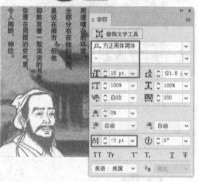

图 18-65 设置文字属性

12 单击"文件"|"打开"命令，打开一幅素材图像，如图18-66所示。

13 将打开的素材图像复制粘贴至当前工作窗口中，调整位置和大小，效果如图18-67所示。

图 18-66 打开素材图像   图 18-67 添加其他文字素材

在操作过程中，对于置入的文本文字，用户可以对文字进行修改、编辑，若置入的是文本图形，则可以对整个文本图形进行编辑，但若要对其中的文字进行修改，则较为复杂。

18.2.3 实战——制作书籍封面的书脊效果

本实例主要运用矩形工具、"渐变"面板及"图层"面板等，制作书籍封面的书脊的效果。

素材位置	素材 > 第 18 章 >18.2.3.ai
效果位置	效果 > 第 18 章 >18.2.3.ai
视频位置	视频 > 第 18 章 >18.2.3 实战——制作书籍封面的书脊效果 .mp4

01 运用矩形工具 ■，绘制一个"宽度"为15mm、"高度"为150mm的矩形，设置"填色"为白色，"描边"为"无"，作为书籍的书脊，如图18-68所示。

02 单击"文件"|"打开"命令，打开一幅素材图像，如图18-69所示。

图 18-68 制作书脊   图 18-69 打开素材图像

03 将打开的素材图像复制粘贴至当前工作窗口中，调整位置，效果如图18-70所示。

04 绘制一个合适大小的矩形，设置"描边"为黑色，如图18-71所示。

图 18-70 添加文字素材   图 18-71 绘制矩形

05 展开"渐变"面板，设置"类型"为"线性"，如图18-72所示。

06 设置渐变为白色到褐色（CMYK参数值分别为40%、60%、100%、27%），如图18-73所示。

 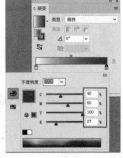

图 18-72 设置渐变类型　　图 18-73 设置渐变颜色

07 设置"角度"为90°，即可为矩形填充渐变色，如图18-74所示。

图 18-74 设置渐变角度

08 将该图形移至图像的最底层，并打开"图层"面板将其锁定，如图18-75所示。

图 18-75 锁定图层

18.2.4 实战——制作书籍封面的立体效果

本实例主要运用"网格封套扭曲"命令、直接选择工具、钢笔工具等，制作书籍装帧的立体效果。制作书籍的立体效果主要是调整书籍封面和书脊的倾斜度，用户除了使用"封套扭曲"操作外，也可以运用倾斜工具来调整书籍的倾斜度。

素材位置	上一例效果文件
效果位置	效果 > 第 18 章 >18.2.4.ai
视频位置	视频 > 第 18 章 >18.2.4 实战——制作书籍封面的立体效果 .mp4

01 选中书籍封面中的所有元素，如图18-76所示。

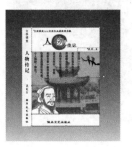

图 18-76 选中封面所有元素

02 单击鼠标右键，选择"编组"命令，将封面中所有元素进行编组，如图18-77所示。

03 单击"对象"｜"封套扭曲"｜"用网格建立"命令，在弹出的"封套网格"对话框中设置"行数"和"列数"均为1，如图18-78所示。

图 18-77 编组图形　　图 18-78 设置参数

04 单击"确定"按钮，即可为图形建立封套扭曲，如图18-79所示。

05 选取工具面板中的直接选择工具 ▷，按住【Shift】键的同时，选中书籍右侧的两个网格点，如图18-80所示。

图 18-79 建立封套扭曲　　图 18-80 选择书籍右侧网格点

06 向上拖曳鼠标，即可调整网格点的位置，如图18-81所示。

07 根据图像的需要调整各网格点上的控制柄，效果如图18-82所示。

图 18-81 调整网格点位置　　图 18-82 调整封套扭曲

08 参照01～04的操作方法，对书脊编组，并建立网格封套扭曲，如图18-83所示。

09 选取工具面板中的直接选择工具 ▷，按住【Shift】键的同时，选中书脊左侧的两个网格点，如图18-84所示。

图 18-83 建立封套扭曲　　图 18-84 选择书脊左侧网格点

10 向上拖曳鼠标，适当地调整网格点及其控制柄，效果如图18-85所示。

11 使用钢笔工具在图像窗口的合适位置绘制一个图形，作为书顶，如图18-86所示。

图 18-85 制作书脊立体效果　　图 18-86 绘制图形

12 展开"渐变"面板，设置"类型"为"线性"，如图18-87所示。

图 18-87 设置渐变类型

13 设置渐变为白色到灰色（CMYK参数值分别为0%、0%、0%、50%），如图18-88所示。

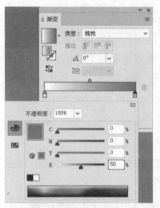

图 18-88 设置渐变颜色

14 填充相应的渐变色，即可制作出书籍的立体效果，效果如图18-89所示。

图 18-89 书籍的立体效果